UE4 TOUT EN FICHES

Biostatistiques, Mathématiques, Probabilités

Nicolas Meyer
Professeur des universités et praticien hospitalier au CHU de Strasbourg, il enseigne à la faculté de médecine de Strasbourg

Daniel Fredon
Maître de conférences à l'université de Limoges

Myriam Maumy-Bertrand
Maître de conférences à l'université de Strasbourg

Frédéric Bertrand
Maître de conférences à l'université de Strasbourg

3e édition

EdiScience

11, rue Paul Bert 92240 Malakoff
ISBN 978-2-10-077798-3

www.dunod.com

Table des matières

Outils mathématiques

Statistique descriptive

Probabilités

Statistique inférentielle

Applications aux sciences de la vie

Avant-propos

Pourquoi un livre par fiches courtes ?

Pour votre concours, il existe un programme national, mais celui-ci peut faire l'objet d'interprétations variées. De nombreuses fiches courtes permettent une utilisation adaptée à votre programme personnel, même si tous les choix locaux ne sont pas couverts.
Par ailleurs, l'accès rapide à chaque notion de ce livre est facilité par un index détaillé.
Les fiches sont de plusieurs types :

- *Cours* : l'essentiel de ce que vous devez savoir.
- *Méthodes* : des savoirs faire incontournables.
- *Entraînement* : des QCM en vue du concours, avec corrections détaillées.

Qui sommes-nous ?

Une équipe qui regroupe des compétences variées, mais toutes au service de l'enseignement des biostatistiques.

Quels choix de notations ?

Les notations varient beaucoup suivant les auteurs. Nous avons respecté la règle suivante : des lettres grecques pour une population (μ, σ^2, π), des lettres latines pour un échantillon ($\overline{x}$, s^2, p).
Nous savons bien que, dans un cours spécialisé, il faut être précis.
Mais pour vous, nous avons choisi la simplicité. Par exemple, une variable aléatoire qui suit une loi de Student devrait se noter T_ν (où ν est le degré de liberté). Mais nous avons choisi, T dans la mesure où le plus souvent il n'y a aucune ambiguïté.

Et vous ?

Nous ne pouvons pas travailler à votre place. Et même placé sous votre oreiller, le contenu de ce livre ne rentrera pas sans effort.
Alors bon courage!
Toutes vos remarques, vos commentaires, vos critiques, et même vos encouragements, seront accueillis avec plaisir :
nmeyer@unistra.fr ; daniel.fredon@laposte.net
mmaumy@unistra.fr ; fbertran@unistra.fr

[Outils mathématiques]

FICHE COURS 1

Grandeurs physiques

1. Généralités

a. Grandeur physique

On appelle **grandeur physique** toute propriété de la nature qui peut être quantifiée par la mesure ou par le calcul, et dont les différentes valeurs possibles s'expriment à l'aide d'un nombre accompagné d'une unité de mesure.

Exemples

Un temps, une longeur, une masse.

b. Étalons

Un **étalon** est un modèle de poids ou de mesure qui sert de point de référence. Aujourd'hui, les étalons fondamentaux donnent des définitions très précises des unités de base.

c. Système International d'unités (SI)

Le SI fixe des règles pour les préfixes, les unités dérivées... Le SI est fondé sur un choix de 7 unités de base bien définies et considérées comme indépendantes du point de vue dimensionnel.

grandeurs de base	unités	symboles
masse	kilogramme	kg
longueur	mètre	m
temps	seconde	s
intensité du courant électrique	ampère	A
température	kelvin	K
quantité de matière	mole	mol
intensité lumineuse	candela	cd

d. Préfixes

facteurs	noms	symboles
10^3	kilo	k
10^6	méga	M
10^9	giga	G
10^{12}	téra	T

facteurs	noms	symboles
10^{-3}	milli	m
10^{-6}	micro	μ
10^{-9}	nano	n
10^{-12}	pico	p

e. Constantes fondamentales

Les **constantes fondamentales** régissent les théories de la physique les plus générales, comme :

- c la vitesse de la lumière ;
- G la constante gravitationnelle.

Certaines de ces constantes sont fixées (comme c) et donc de valeur exacte, d'autres sont mesurées (comme G) et donc de valeur approchée.

2. Analyse dimensionnelle

a. Dimension d'une grandeur physique

Les grandeurs fondamentales du SI vont être désignées par des lettres majuscules :
masse M ; longueur L ; temps T ; intensité du courant électrique I ; température Θ ; quantité de matière N ; intensité lumineuse J.
On attribue à toutes les grandeurs dérivées, une dimension qui s'exprime par un produit (avec des puissances entières positives, négatives ou nulles) des dimensions des grandeurs fondamentales.

Exemples

- Dans le cas d'un mouvement rectiligne, l'**accélération** s'écrit $a = \dfrac{d^2x}{dt^2}$ où x est une longueur et t un temps. On lui attribue la dimension : $[a] = \dfrac{[x]}{[t]^2} = \dfrac{L}{T^2} = LT^{-2}$.

  Notez bien la différence entre minuscule et majuscule.
- Une **force** F est le produit d'une masse et d'une accélération.

On lui attribue la dimension : $[F] = [m] \times [a] = MLT^{-2}$.

b. Équation aux dimensions

L'analyse dimensionnelle consiste à déterminer les dimensions attribuées aux expressions reliant des grandeurs physiques. Cela permet de contrôler la cohérence de formules ou d'égalités.
En effet, pour additionner, ou égaler, deux expressions reliant des grandeurs physiques, il est nécessaire (mais pas suffisant) qu'elles aient la même dimension.

FICHE COURS 2

Mesure des grandeurs

1. Généralités

a. Vocabulaire

La **mesure** est l'ensemble des opérations ayant pour but de déterminer une valeur numérique d'une grandeur physique (voir Fiche 1).
Le **mesurande** est définie comme « la grandeur soumise à mesurage ».

b. Mesurage

L'objectif d'un **mesurage** est d'obtenir la valeur x d'un mesurande X.
Mais divers types d'erreurs apparaissent :

- des **erreurs systématiques** dues à la technique de mesure, à l'appareil, à l'opérateur ;
- des **erreurs aléatoires**.

Ces erreurs entraînent un écart entre le résultat du mesurage et la valeur vraie (inaccessible) du mesurande.

c. Présentation d'un résultat

- Après avoir réduit les erreurs, il reste toujours une **incertitude** $\pm I$. L'affichage $x \pm I$ signifie que la valeur vraie du mesurande appartient à l'intervalle $[x - I\ ;\ x + I]$ avec une forte probabilité.

L'incertitude I dépend de la probabilité choisie.

- Si les erreurs restantes sont surtout aléatoires, on peut penser que les mesures correspondent à une loi normale (voir Fiche 23). Dans ce cas, on choisit souvent $I = 2\sigma$ (où la notation σ représente l'écart-type), qui correspond à une probabilité de plus de 95 % que la vraie valeur du mesurande soit dans l'intervalle calculé.
- Dans l'affichage du résultat, pensez aussi à ne conserver qu'un nombre de chiffres après la virgule qui ait du sens.

Exemple

Ne concluez pas avec $128{,}589\,657 \pm 3{,}259$, mais plutôt avec $128{,}6 \pm 3{,}3$.

Arrondissez la mesure au plus près, et l'incertitude par augmentation.

2. Utilisation d'un grand nombre de mesures

Supposons que les erreurs systématiques aient été réduites autant que possible et qu'il ne reste que les erreurs aléatoires. Ces erreurs sont alors indépendantes et les diverses variances s'additionnent, ce qui n'est pas le cas des écarts type (voir Fiche 10 pour une définition).
Quand on répète n fois une mesure et qu'on calcule la moyenne des résultats, l'incertitude mesurée par des écarts type est alors réduite : elle est multipliée par $\frac{1}{\sqrt{n}}$.

[IMPORTANT]

Pour comprendre ce phénomène, il suffit de penser que les différences (avec la vraie valeur) positives et négatives se compensent en partie.

3. Incertitude en métrologie

En métrologie (science de la mesure) l'incertitude désigne d'après Vold[1] la marge d'« imprécision », sur la valeur de la mesure d'une grandeur physique ou, d'après le VIM (Vocabulaire International de Métrologie), la dispersion des valeurs qui pourraient raisonnablement être attribuées à une grandeur.

1. Vold (2005) Expressions of uncertainty in scientific research articles, Akademisk Prosa, 3, 113-127.

FICHE COURS 3

Fonctions logarithmes, exponentielles et puissances

1. Fonctions logarithmes et exponentielles

a. Fonction logarithme népérien

Elle est définie pour $x > 0$ par :

$$\begin{cases} \ln 1 = 0\,; \\ \forall x > 0 \quad (\ln x)' = \dfrac{1}{x}. \end{cases}$$

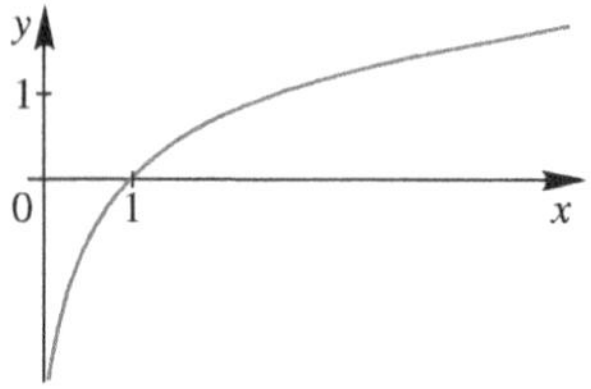

Elle est strictement croissante sur $]0;+\infty[$.

$\lim\limits_{x \to 0^+} \ln x = -\infty \quad ; \quad \lim\limits_{x \to +\infty} \ln x = +\infty.$

L'unique solution de l'équation $\ln x = 1$ est notée e ($e \approx 2{,}718$).

Propriétés algébriques

$\forall a > 0 \quad \forall b > 0 \quad \forall \alpha \in \mathbb{R}$

$$\ln(a \times b) = \ln a + \ln b \quad ; \quad \ln(a^\alpha) = \alpha \ln a\,;$$
$$\ln\left(\frac{1}{a}\right) = -\ln a \quad ; \quad \ln\left(\frac{a}{b}\right) = \ln a - \ln b.$$

b. Fonction exponentielle

C'est la fonction réciproque de la fonction ln. Elle est notée $\exp(x)$ ou e^x.

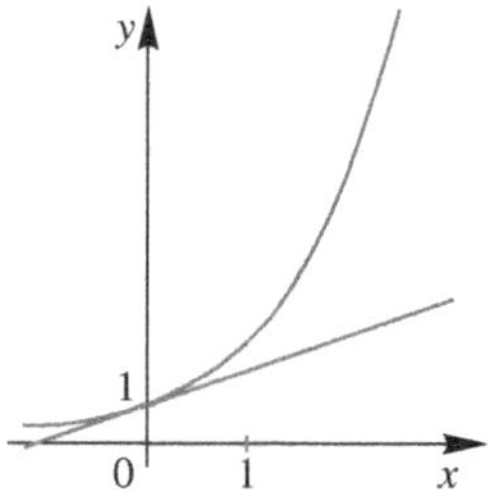

$\forall x \in \mathbb{R} \quad (e^x)' = e^x\,;$

$\lim\limits_{x \to -\infty} e^x = 0 \ ; \quad \lim\limits_{x \to +\infty} e^x = +\infty.$

Elle est définie sur $\mathbb{R}$, à valeurs dans $]0;+\infty[$, strictement croissante sur $\mathbb{R}$.

Propriétés algébriques

$\forall a \in \mathbb{R} \quad \forall b \in \mathbb{R} \quad \forall r \in \mathbb{Q}$

$$e^{a+b} = e^a \times e^b \quad ; \quad e^{ra} = (e^a)^r \quad ; \quad e^{-a} = \frac{1}{e^a} \quad ; \quad e^{a-b} = \frac{e^a}{e^b}.$$

c. Fonction logarithme de base *a*

La fonction logarithme de base a ($a > 0$; $a \neq 1$) est la fonction définie par :

$$\forall x > 0 \qquad \log_a(x) = \frac{\ln x}{\ln a}.$$

$$\forall x > 0 \quad (\log_a x)' = \frac{1}{\ln a} \times \frac{1}{x}.$$

Ses propriétés algébriques sont les mêmes que celles de la fonction ln. Si $a = 10$, $\log_a$ est le logarithme décimal. Il est noté log.

d. Fonction exponentielle de base *a*

La fonction exponentielle de base a ($a > 0$) est la fonction définie par : :

$$\forall x \in \mathbb{R} \quad \exp_a(x) = a^x = e^{x \ln a}.$$

Pour $a \neq 1$, c'est la fonction réciproque de la fonction $\log_a$.

$$(y > 0 \text{ et } a > 0)\ y = a^x \iff \ln y = x \ln a \iff x = \log_a(y).$$

$$\forall x \in \mathbb{R} \quad (a^x)' = \ln a \times a^x.\ (a > 0)$$

[IMPORTANT]

Remarquez bien qu'ici, la variable x est en exposant.

Ses propriétés algébriques sont les mêmes que celles de la fonction exp.

2. Fonctions puissances

La fonction $x \mapsto x^r$, pour $x > 0$ et $r \in \mathbb{Q}$, est déjà connue. On la généralise, pour $x > 0$ et $a \in \mathbb{R}$, en posant :

$$x^a = e^{a \ln x}.$$

Les propriétés connues pour les exposants rationnels sont prolongées ; en particulier $(x^a)' = ax^{a-1}$.

[IMPORTANT]

Remarquez bien qu'ici l'exposant a est constant.

FICHE COURS 4

Calcul de primitives

1. Primitive d'une fonction continue

a. Définition

f étant définie sur un intervalle I, une fonction F, définie sur I, est une primitive de f, si elle est dérivable sur I et si :

$$\forall t \in I \quad F'(t) = f(t).$$

b. Théorèmes

- Deux primitives de f diffèrent d'une constante, c'est-à-dire que, si F est une primitive de f sur un intervalle I, toutes les primitives de f sur I sont de la forme : $t \mapsto F(t) + C$ où C est une constante réelle quelconque.
- Pour toute primitive h de f sur I, on a :

$$\int_a^x f(t)\,\mathrm{d}t = [h(t)]_a^x = h(x) - h(a).$$

Le calcul d'intégrales de fonctions continues se ramène donc à la recherche de primitives.

c. Primitives usuelles

$f(t)$	$F(t)$	$f(t)$	$F(t)$	$f(t)$	$F(t)$
t^n $(n \neq -1)$	$\dfrac{t^{n+1}}{n+1}$	$\dfrac{1}{t}$	$\ln\lvert t\rvert$	$e^{\lambda t}(\lambda \in \mathbb{C}^*)$	$\dfrac{1}{\lambda}e^{\lambda t}$
$\cos t$	$\sin t$	$\sin t$	$-\cos t$	$\ln t$	$t \ln t - t$

2. Méthodes de calcul

a. Utilisation de la dérivée de u^n

Si u est une fonction de t, la dérivée de u^n par rapport à t est :

$$n\,u^{n-1}(t)\,u'(t).$$

Outils mathématiques

Donc, si vous cherchez une primitive d'une fonction du type $u^k(t)\,u'(t)$ [ou $(at+b)^k$ car alors $u'(t)=a$ est une constante], introduisez $u^{k+1}(t)$ et dérivez cette expression pour ne pas vous tromper sur le coefficient à introduire.

b. Intégration par parties

- **Théorème**

  Soit u et v deux fonctions de classe $\mathcal{C}^1$ (c'est-à-dire dérivable et dont la dérivée est continue) sur un intervalle I, et a et b des réels de I.
  On a :
  $$\int_a^b u'(t)\,v(t)\,\mathrm{d}t = \left[u(t)\,v(t)\right]_a^b - \int_a^b u(t)\,v'(t)\,\mathrm{d}t,$$
  ce qui s'écrit aussi, en terme de primitives :
  $$\int u'(t)\,v(t)\,\mathrm{d}t = u(t)\,v(t) - \int u(t)\,v'(t)\,\mathrm{d}t.$$

- **Cas classiques d'utilisation**

  Soit P une fonction polynomiale, α un réel non nul, β un réel, a et b deux réels de I tels que $a<b$.

  ➢ Pour calculer $I=\int_a^b P(t)\sin(\alpha t+\beta)\,\mathrm{d}t$, posez $v(t)=P(t)$:
  $$u'(t)=\sin(\alpha t+\beta) \quad ; \quad v(t)=P(t)$$
  $$u(t)=-\frac{1}{\alpha}\cos(\alpha t+\beta) \quad ; \quad v'(t)=P'(t).$$
  Ainsi $I=\left[-\frac{1}{\alpha}\cos(\alpha t+\beta)\;P(t)\right]_a^b+\frac{1}{\alpha}\int_a^b P'(t)\cos(\alpha t+\beta)\,\mathrm{d}t.$

  On recommence si nécessaire autant de fois que le degré de $P(t)$.

  ➢ Pour $\int_a^b P(t)\cos(\alpha t+\beta)\,\mathrm{d}t$, posez $v(t)=P(t)$.

  ➢ Pour $\int_a^b P(t)\,\mathrm{e}^{\alpha t+\beta}\,\mathrm{d}t$, posez $v(t)=P(t)$.

  ➢ Pour $\int_a^b P(t)\ln t\,\mathrm{d}t$, posez $v(t)=\ln t$.

c. Intégration par changement de variable

Soit u une fonction bijective de classe $\mathcal{C}^1$ de $[\alpha;\beta]$ sur $[a;b]$, et f une fonction continue sur $[a;b]$. Alors :
$$\int_a^b f(x)\,\mathrm{d}x=\int_{u^{-1}(a)}^{u^{-1}(b)} f\big(u(t)\big)u'(t)\,\mathrm{d}t.$$

FICHE COURS

5

Équations différentielles du premier ordre

1. Équations à variables séparables

Lorsque l'équation est de la forme :

$$x'(t)f\big(x(t)\big)=g(t),$$

où f et g sont des fonctions données définies et continues sur un intervalle I dont on connaît des primitives F et G, on a :

$$F\big(x(t)\big)=G(t)+C \quad \text{(où } C \text{ est une constante réelle quelconque).}$$

De plus si F possède une fonction réciproque notée F^{-1}, on en tire :

$$x(t)=F^{-1}\big(G(t)+C\big),$$

relation qui donne toutes les solutions de l'équation.

[IMPORTANT]

On peut écrire l'équation sous la forme : $f(x)\,\mathrm{d}x = g(t)\,\mathrm{d}t$, puis intégrer formellement les deux membres :

$$\int f(x)\,\mathrm{d}x=\int g(t)\,\mathrm{d}t,$$

et exprimer x en fonction de t.

2. Équations linéaires

a. Définition

Ce sont des équations de la forme :

$$a(t)x'(t)+b(t)x(t)=f(t) \qquad \textbf{(1)}$$

où a, b et f sont des fonctions données, continues sur un intervalle I. Pour la résolution, on se place sur un intervalle $J\subset I$ tel que a ne s'annule pas sur J.

b. Théorème dû à la linéarité

Toute solution de **(1)** est de la forme $x_P(t)+x_S(t)$ où $x_P(t)$ est une solution particulière de **(1)** et $x_S(t)$ la solution générale de l'**équation homogène associée** :

$$a(t)x'(t)+b(t)x(t)=0. \qquad \textbf{(2)}$$

On est donc conduit à deux problèmes : rechercher la solution générale $x_S(t)$ de l'équation homogène (2), puis une solution particulière $x_p(t)$ de l'équation complète (1).

c. Résolution de l'équation homogène associée

C'est une équation à variables séparables. Ses solutions sont du type :

$$x_S(t)=K\ \mathrm{e}^{-A(t)} \text{ où } A(t)=\int_{t_0}^{t} a(u)\mathrm{d}u$$

avec K une constante réelle quelconque et t_0 un élément quelconque de I. Elles comportent donc la fonction nulle et des fonctions qui ne s'annulent jamais.

d. Recherche d'une solution particulière (méthode de Lagrange)

x_1 étant une solution non nulle de **(2)**, on introduit une fonction auxiliaire inconnue $K(t)$ telle que $x(t) = K(t)\ x_1(t)$ soit solution de **(1)**.
On calcule $x'(t)$; on reporte $x'(t)$ et $x(t)$ dans **(1)**.
On observe que $K(t)$ disparaît, ce qui fournit une auto-vérification.
Il reste $K'(t)$, ce qui permet de calculer $K(t)$ puis $x(t)$.
Vous avez le choix entre deux variantes (équivalentes : ne faites pas les deux) :

- cherchez toutes les fonctions $K(t)$ avec une constante d'intégration (n'oubliez pas de reporter dans $x(t)$) ;
- ou cherchez une fonction $K(t)$, reporter dans $x(t)$ et additionnez avec $x_S(t)$.

[IMPORTANT]

Cette méthod s'appelle aussi **méthode de variation de la constante**. Ce mot curieux (une constante qui varie !) vient du fait qu'on remplace la constant K obtenue en résolvant l'équation homogène par une function $K(t)$.

FICHE COURS 6

Équations différentielles linéaires du second ordre à coefficients constants

1. Généralités

a. Définition

Ce sont des équations de la forme :

$$a\,x''(t)+b\,x'(t)+c\,x(t)= f(t) \qquad \textbf{(1)}$$

où a, b et c sont des constantes réelles données avec $a \neq 0$ et f une fonction donnée définie et continue sur un intervalle I.

b. Théorèmes dûs à la linéarité

- Toute solution de **(1)** est de la forme :

$$x_P(t)+x_S(t)$$

où $x_P(t)$ est une solution particulière de **(1)**, et $x_S(t)$ la solution générale de l'**équation homogène associée** :

$$a\,x''(t)+b\,x'(t)+c\,x(t)=0 \qquad \textbf{(2)}.$$

- Si $x_1(t)$ est une solution particulière de

$$ax''(t)+b\,x'(t)+c\,x(t)= f_1(t)$$

et $x_2(t)$ une solution particulière de

$$a\,x''(t)+b\,x'(t)+c\,x(t)= f_2(t)$$

alors $x_1(t)+x_2(t)$ est une solution particulière de

$$a\,x''(t)+b\,x'(t)+c\,x(t)= f_1(t)+f_2(t).$$

2. Résolution de l'équation homogène

La fonction $t \mapsto e^{rt}$ est solution de **(2)** si, et seulement si, le nombre réel ou complexe r vérifie l'équation caractéristique :

$$ar^2+br+c=0,$$

ce qui conduit à calculer le discriminant $\Delta = b^2-4ac$.

- **Si** $\Delta > 0$, l'équation caractéristique a deux racines réelles distinctes notées r_1 et r_2. On a alors :

$$x_S(t) = K_1 \, e^{r_1 t} + K_2 \, e^{r_2 t}$$

où K_1 et K_2 sont des constantes réelles quelconques.

- **Si** $\Delta = 0$, l'équation caractéristique a une racine réelle double notée r_0. On a alors :

$$x_S(t) = (K_1 \, t + K_2) \, e^{r_0 t}$$

où K_1 et K_2 sont des constantes réelles quelconques.

- **Si** $\Delta < 0$, l'équation caractéristique a deux racines complexes conjuguées $\alpha \pm i\beta$. On a alors :

$$x_S(t) = e^{\alpha t}(K_1 \cos \beta t + K_2 \sin \beta t)$$

où K_1 et K_2 sont des constantes réelles quelconques.

3. Recherche d'une solution particulière dans certains cas

a. Cas où la fonction f est un polynôme P de degré n

Il existe une solution particulière de **(1)** sous la forme d'un polynôme de degré : n si $c \neq 0$;

$n+1$ si $c = 0$ et $b \neq 0$;

$n+2$ si $c = b = 0$ et $a \neq 0$.

La recherche de cette solution se fait par identification.

b. Cas où $f(t) = e^{kt} P(t)$ avec P polynôme et k constante réelle

On peut effectuer le changement de fonction inconnue

$$x(t) = e^{kt} \, z(t)$$

où z est une nouvelle fonction inconnue. En reportant x, x' et x'' dans **(1)**, on est alors conduit à une équation en z du type précédent.

FICHE COURS

7

Fonctions de plusieurs variables

Pour simplifier l'écriture, les définitions et résultats seront énoncés dans le cas de deux variables. Ils se prolongent sans peine à plus de variables.

1. Généralités

a. Fonction de deux variables

Une fonction f, définie sur une partie D de $\mathbb{R}^2$ et à valeurs réelles, fait correspondre à tout vecteur X de D un réel unique $f(X)$.
X se note (x, y) ou (x_1, x_2).
L'ensemble des points de $\mathbb{R}^3$:

$$S = \{(x, y, f(x, y)) \ ; \ (x, y) \in D\}$$

est la **surface représentative** de f ; c'est l'analogue de la courbe représentative d'une fonction d'une variable.

b. Fonctions partielles

Soit f une fonction de $D \subset \mathbb{R}^2$ dans $\mathbb{R}^2$ et $A = (a_1, a_2)$ un point de D non situé sur le bord. Les fonctions :

$$x_1 \mapsto f(x_1, a_2) \quad \text{et} \quad x_2 \mapsto f(a_1, x_2)$$

définies sur un intervalle ouvert contenant respectivement a_1 et a_2, sont appelées les **fonctions partielles** associées à f au point A.

c. Lignes de niveau

Soit $k \in \mathbb{R}$; l'ensemble $\{(x, y) \in D \ ; \ f(x, y) = k\}$ est la **courbe de niveau** k de la fonction f.
Pour les fonctions de 3 variables, la notion analogue est celle de **surface de niveau**.

2. Dérivées partielles

a. Dérivées partielles d'ordre 1

Soit $(x_0, y_0) \in D$. Les dérivées partielles d'ordre 1 de f en (x_0, y_0) sont les dérivées des fonctions partielles :

$$\frac{\partial f}{\partial x}(x_0,y_0)=\lim_{h\to 0}\frac{f(x_0+h,y_0)-f(x_0,y_0)}{h}$$
$$\frac{\partial f}{\partial y}(x_0,y_0)=\lim_{k\to 0}\frac{f(x_0,y_0+k)-f(x_0,y_0)}{k}$$

$\dfrac{\partial f}{\partial x}$ se lit : « d rond f » sur « d rond x ».

Si ces deux fonctions sont continues, on dit que f est de classe $\mathcal{C}^1$ sur D.

b. Notation différentielle

$$\mathrm{d}f=\frac{\partial f}{\partial x}\mathrm{d}x+\frac{\partial f}{\partial y}\mathrm{d}y.$$

On dit que d f est la **différentielle totale** de f.

En sciences expérimentales, la différentielle est utilisée pour estimer la variation de f au voisinage d'un point en fonction des variations Δx et Δy des variables :

$$\Delta f=f(x+\Delta x,y+\Delta y)-f(x,y)\approx\frac{\partial f}{\partial x}\Delta x+\frac{\partial f}{\partial y}\Delta y.$$

c. Application au calcul d'incertitudes

[IMPORTANT]

Si votre cours comporte les fiches 1 et 2, ce paragraphe est inutile. Mais il est encore souvent enseigné.

Les variables x et y sont des mesures obtenues avec des incertitudes respectives Δx, Δy.

Que peut-on dire sur l'incertitude du résultat du calcul de $f(x,y)$?

On a vu que :

$$\Delta f\approx\frac{\partial f}{\partial x}\Delta x+\frac{\partial f}{\partial y}\Delta y.$$

L'**incertitude** I sur f ou incertitude absolue, (on dit parfois « erreur absolue », mais si on connaissait l'erreur, on la corrigerait !) est un majorant de Δf. On retient :

$$I=\left|\frac{\partial f}{\partial x}\right|\Delta x+\left|\frac{\partial f}{\partial y}\right|\Delta y.$$

Le **taux d'incertitude** ou incertitude relative, (on dit parfois « erreur relative ») est un majorant de $\left|\dfrac{\Delta f}{f}\right|$. On prend : $\dfrac{I}{|f|}$. Il s'exprime en pourcentage.

FICHE QCM 8

Entraînement sur les outils mathématiques

Énoncés

Pour chaque QCM, cochez la (ou les) réponse(s) exacte(s).

1. *(D'après concours PACES Strasbourg)*
En vous servant des relations ci-dessous, retrouvez l'équation aux dimensions du potentiel électrique.

$$P = IV \ ; \ E = -\frac{\mathrm{d}v}{\mathrm{d}r} \ ; \ F = qE \ ; \ I = \frac{\mathrm{d}q}{\mathrm{d}t}.$$

❑ **a.** $M\,L\,T^2\,I^{-1}$ ❑ **b.** $M\,L^2\,T^{-3}\,I^{-1}$

❑ **c.** $M\,L^2\,T^{-2}\,I^{-2}$ ❑ **d.** $M^{-1}\,L^2\,T^{-2}\,I^{-1}$. ❑ **e.** Autre réponse.

2. *(D'après concours PACES Bordeaux)*
La pression osmotique d'une solution diluée est donnée par la loi de Van't Hoff:

$$\pi = RTc$$

T représente la température, c la concentration et R la constante des gaz parfaits.

❑ **a.** Dans le système international, l'unité de pression est le bar (symbole bar).
❑ **b.** L'équation aux dimensions de la pression est $[\pi] = M.L^{-1}.T^{-2}$.
❑ **c.** Dans le système international, l'unité d'énergie est le joule (symbole J).
❑ **d.** L'équation aux dimensions de l'énergie est $[E] = M.L.T^{-2}$.
❑ **e.** L'unité de R dans le système international est $J.mol.K^{-1}$.

3. *(D'après concours PACES Strasbourg)*
On mesure 100 fois une longueur L. La moyenne calculée des 100 mesures est $< L > = 78{,}612\ 68$ mm et l'écart type des mesures est $\sigma = 8{,}436\ 21$ mm.
Écrivez correctement, selon la norme ISO, le résultat de la mesure de L :

❑ **a.** 78,613 ± 1,687 ❑ **b.** 78,61 ± 0,84

❑ **c.** 78,6 ± 8,4 ❑ **d.** 78,6 ± 1,7. ❑ **e.** Autre réponse.

4. *(D'après concours PACES Amiens)*
La surface corporelle d'un patient peut se calculer en utilisant la formule :

$$S = \sqrt{\frac{LM}{3600}}$$

avec S la surface corporelle exprimée en m^2, L la taille exprimée en cm, et M la masse exprimée en kg.
Un patient X, âgé de 52 ans, mesurant 1,80 m et pesant 80 kg reçoit chaque semaine un traitement sous forme d'une injection par voie intraveineuse du médicament V.
Sachant que la posologie du médicament V est fonction de la surface corporelle du patient, à savoir 5mg/m^2/semaine, quelle est la dose de médicament V qui va être injectée à X chaque semaine ?

❑ **a.** 0,005 g ❑ **b.** 10 mg ❑ **c.** 0,01 g
❑ **d.** 10^2 mg ❑ **e.** Une autre valeur.

5. *(D'après concours PACES Limoges)*
Le pH d'une solution tampon est donné :

$$\text{pH} = \text{pKa} + \log\frac{[B]}{[A]}$$

Calculez la concentration $[B]$ (en mol.L^{-1}) sachant que la solution a un pH de 6,6.
Données : pKa = 7,2 ; $[A]$ = 0,080 mol.L^{-1}.

❑ **a.** 0,320 ❑ **b.** 0,040 ❑ **c.** 0,012
❑ **d.** 0,020 ❑ **e.** Aucune de ces réponses n'est exacte.

6. *(D'après concours PACES Limoges)*
Lors de la désintégration radioactive d'un élément, le nombre $N(t)$ de noyaux présents à l'instant t est donné par :

$$N(t) = N_0 e^{-\lambda t}$$

où N_0 est le nombre de noyaux présents au temps initial et λ la constante radioactive de l'élément.

Si l'on est en présence de cobalt 60 ($\lambda = 0{,}131$ an^{-1}), au bout de combien de temps (en années) le nombre de noyaux est-il divisé par 5 par rapport au nombre initial de noyaux ($N_0 = 2 \times 10^5$) ?

❑ **a.** 0,21 ❑ **b.** 12,29 ❑ **c.** 5,29
❑ **d.** 0,09 ❑ **e.** 26 200.

7. En admettant, qu'après une injection, la concentration plasmatique $C(t)$ d'héparine est sensiblement de la forme :

$$C(t) = a\,\mathrm{e}^{-\alpha t} + b\,\mathrm{e}^{-\beta t}.$$

On cherche à estimer les valeurs de a, b, α, β, sachant que α est très supérieur à β et qu'il a été observé :

t	0	1	2	10	12
C	9	4,3	3	1,5	1,3

À 10^{-2} près, on obtient :
❑ **a.** $a = 4{,}98$; $b = 2{,}56$; $\alpha = 1{,}28$; $\beta = 1{,}26$
❑ **b.** $a = 5{,}93$; $b = 3{,}07$; $\alpha = 1{,}41$; $\beta = 0{,}07$
❑ **c.** $a = 3{,}07$; $b = 5{,}93$; $\alpha = 1{,}41$; $\beta = 0{,}07$.
❑ **d.** Il manque des informations pour répondre.
❑ **e.** On ne peut jamais répondre.

8. *(D'après concours PACES Grenoble)*
Le nombre de cellules en culture cellulaire sur plaque est approximé par :

$$N(t) = N_c(1 - \mathrm{e}^{-kt})^2$$

où k est une constante positive, N_c est positif et correspond à la capacité d'accueil de la plaque et t correspond au temps avec $t \geqslant 0$, $t = 0$ correspondant au début de la manipulation avec l'ensemencement de la cellule.
❑ **a.** $N'(t) = 2N_c(1 - \mathrm{e}^{-kt})$
❑ **b.** $N'(t) = 2N_c\mathrm{e}^{-kt}(1 - \mathrm{e}^{-kt})$
❑ **c.** $N'(t) = -2N_c\mathrm{e}^{-kt}(1 - \mathrm{e}^{-kt})$
❑ **d.** $N'(t) = 2N_c k\mathrm{e}^{-kt}(1 - \mathrm{e}^{-kt})$.
❑ **e.** Tous les items précédents sont faux.

9. *(D'après concours PACES Grenoble)*

La fraction de l'intensité de lumière transmise à travers une solution d'un colloïde par rapport à l'intensité de lumière incidente est décrite par une fonction $A(x)$ avec :

$$A(x) = -\log(1 - x)$$

où log désigne le logarithme décimal.

On cherche l'approximation à l'ordre 1 de la fonction $A(a + h)$ au voisinage de $a = 0$:

❑ **a.** $A(0 + h) \approx h$ ❑ **b.** $A(0 + h) \approx -h\ln 10$

❑ **c.** $A(0+h) \approx \dfrac{h}{\ln 10}$ ❑ **d.** $A(0+h) \approx -\dfrac{h}{\ln 10}$.

❑ **e.** Tous les items précédents sont faux.

10. *(D'après concours PACES Limoges)*

On sait que la vitesse d'un fluide dans un tube circulaire dépend du rayon r du tube. Elle est régie par l'expression suivante (où A et B sont des constantes positives) :

$$V(r) = \frac{A}{\pi}(Br^2 - r^3) \qquad r \in I \text{ tel que } V(r) \geqslant 0.$$

La vitesse maximale sera atteinte lorsque :

❑ **a.** La dérivée de la fonction $V(r)$ atteint sa valeur maximale.

❑ **b.** La dérivée de la fonction $V(r)$ est égale à 0.

❑ **c.** L'aire sous la courbe représentant la fonction $V(r)$ entre 0 et r est maximale.

Pour les valeurs des constantes $A = 31{,}8$ et $B = 3$ cette vitesse (en unités arbitraires) serait de :

❑ **d.** 31,8 ❑ **e.** 52,2.

11. *(D'après concours PACES Strasbourg)*

Après administration orale, la quantité plasmatique $S(t)$ d'un médicament évolue en fonction du temps t selon l'équation différentielle :

$$\frac{dS}{dt} + 2S = 100\, e^{-t}.$$

À quel instant t, la quantité S est-elle maximale ? (Les temps sont exprimés en heure, $S = 0$ à $t = 0$).

Quelle est la réponse exacte (exprimée en heure, arrondie au centième) ?

❑ **a.** 0,50 ❑ **b.** 0,69 ❑ **c.** 1,00
❑ **d.** 1,39 ❑ **e.** Autre réponse.

12. Parmi les fonctions suivantes, quelle(s) est (sont) celle(s) qui est (sont) primitive(s) de la fonction f définie par $f(t) = \frac{1}{(3t+1)^2}$?

❑ **a.** $\frac{-6}{(3t+1)^3}$ ❑ **b.** $-\frac{1}{3}\frac{1}{3t+1}$ ❑ **c.** $\frac{1}{3}\frac{1}{3t+1}$
❑ **d.** $\frac{1}{3t+1}$ ❑ **e.** $\frac{9t+2}{9t+3}$.

13. L'intégrale $I = \int_0^1 (2t+1)\mathrm{e}^{3t}\,\mathrm{d}t$ a pour valeur :

❑ **a.** $\frac{1}{9}\mathrm{e}^{-3} - \frac{1}{9}$ ❑ **b.** $\frac{1}{9}\mathrm{e}^{3} - \frac{1}{9}$ ❑ **c.** $\frac{7}{9}\mathrm{e}^{3} - \frac{1}{9}$
❑ **d.** $\frac{7}{9}\mathrm{e}^{3} + \frac{1}{9}$ ❑ **e.** $\frac{1}{3}\mathrm{e}^{3} + \frac{1}{3}$.

14. La solution de l'équation différentielle $y' + 3y = 5$ qui passe par le point de coordonnées (2; 3) vérifie $y'(2) =$:

❑ **a.** 3 ❑ **b.** 4 ❑ **c.** –4 ❑ **d.** –3 ❑ **e.** 1.

15. L'équation différentielle $y'' + 9y = 0$ admet pour solution(s) :

❑ **a.** $\cos(3x)$ ❑ **b.** $\sin(3x)$ ❑ **c.** $\cos\left(\frac{1}{3}x\right)$
❑ **d.** $\cos(9x)$ ❑ **e.** $2\cos(3x) + 3\sin(3x)$.

16. *(D'après concours PACES Amiens)*
K désignant une constante réelle, quelle est la solution générale de l'équation :

$$\textbf{(1)} \qquad y' - y = x\,\mathrm{e}^{2x}.$$

❑ **a.** $y = (K + (x+1)\,\mathrm{e}^x)\,\mathrm{e}^x$ ❑ **b.** $y = (K + x\,\mathrm{e}^x)\,\mathrm{e}^x$
❑ **c.** $y = K - x\,\mathrm{e}^{2x}$ ❑ **d.** $y = (K + (x-1)\,\mathrm{e}^x)\,\mathrm{e}^x$
❑ **e.** $y = K\,\mathrm{e}^x - x^2$

QCM n°16 et 17 : (*D'après concours PACES Grenoble*)
On utilise un spectrophotomètre pour le dosage d'un composé dans le plasma.

Le spectrophotomètre mesure le rapport $x = \frac{I}{I_0}$ entre l'intensité de lumière transmise I et l'intensité de lumière incidente I_0.
La concentration C du composé peut être déterminée par la formule :

$$C = \frac{1}{\varepsilon L}\log(x)$$

où ε est l'extinction spécifique du composé et L la largeur de la cuve. On considère qu'il n'y a pas d'incertitude sur ε.

17. Cochez le (les) item(s) exact(s) :

❑ **a.** $\frac{\partial C}{\partial L} = \frac{1}{\varepsilon L^2}\log(x)$
❑ **b.** $\frac{\partial C}{\partial x} = -\frac{\ln(10)}{\varepsilon L}\frac{1}{x}$
❑ **c.** $\frac{\partial C}{\partial x} = -\frac{1}{\varepsilon L}\frac{1}{\log(x)}$
❑ **d.** $\frac{\partial C}{\partial x} = -\frac{1}{\varepsilon L \ln(10)}\frac{1}{x}$.
❑ **e.** Tous les items précédents sont faux.

18. Notons Δx, ΔC, ΔL les incertitudes absolues, $\frac{\Delta x}{x}, \frac{\Delta C}{C}, \frac{\Delta L}{L}$ les incertitudes relatives. Cochez le (les) item(s) exact(s) :

❑ **a.** $\Delta C = \frac{1}{\varepsilon L^2}\log(x)\,\Delta L - \frac{1}{\ln(10)\varepsilon L}\frac{1}{x}\Delta x$
❑ **b.** $\frac{\Delta C}{C} = \frac{\Delta L}{L} + \frac{1}{|\ln(x)|}\frac{\Delta x}{x}$
❑ **c.** $\frac{\Delta C}{C} = \frac{\Delta L}{L} + \frac{1}{|\log(x)|}\frac{\Delta x}{x}$
❑ **d.** $\frac{\Delta C}{C} = \frac{\Delta L}{L} + \frac{\Delta x}{x}$.
❑ **e.** Tous les items précédents sont faux.

19. (*D'après concours PACES Grenoble*)
On détermine la focale f d'une lentille en fonction de la distance D entre l'objet et l'écran et la distance d entre les deux positions de la lentille où l'on obtient une image nette, par la méthode de Bessel :

$$f = \frac{D^2 - d^2}{4D}.$$

Cochez le (ou les) item(s) exact(s) où Δf, ΔD, Δd sont des incertitudes.

❑ **a.** $\frac{\partial f}{\partial D} = \frac{D^2 + d^2}{4D^2}$ ❑ **b.** $\Delta f = \left(\frac{1}{4} + \frac{d^2}{4D^2}\right)\Delta D - \frac{d}{2D}\Delta d$

❑ **c.** $\Delta f = \left(\frac{1}{4} + \frac{d^2}{4D^2}\right)\Delta D + \frac{d}{2D}\Delta d$

❑ **d.** $\Delta f = \left|\frac{1}{4} + \frac{d^2}{4D^2}\right|\Delta D - \left|\frac{d}{2D}\right|\Delta d.$

❑ **e.** Tous les items précédents sont faux.

Corrigés

1. ❑ **a.** ☒ **b.** ❑ **c.** ❑ **d.** ❑ **e.**

• Dans les égalités de l'énoncé, les notations désignent :

$$P = V\,I \qquad \textbf{(1)}$$

P la puissance, V la variation du potentiel, I l'intensité ;

$$E = -\frac{\mathrm{d}V}{\mathrm{d}r}I \qquad \textbf{(2)}$$

E le champ électrique, V le potentiel, r une distance ;

$$F = q\,E \qquad \textbf{(3)}$$

F la force, q la charge, E le champ électrique ;

$$I = \frac{\mathrm{d}q}{\mathrm{d}t} \qquad \textbf{(4)}$$

I l'intensité, q la charge, t le temps.

• Pour obtenir la dimension $[V]$ du potentiel électrique, on peut :

➢ écrire l'égalité des dimensions dans **(4)** :

$[I] = \frac{[q]}{[t]}$ soit : $[q] = T\,I$;

➢ écrire l'égalité des dimensions dans **(3)** :

$$[F] = [q][E] \quad \text{soit :} \quad [E] = \frac{[F]}{[q]} = [F]T^{-1}I^{-1} ;$$

➢ connaître l'exemple de la fiche 1 $[F] = MLT^{-2}$ ce qui entraîne :

$$[E] = MLT^{-3}\, I^{-1} ;$$

➢ écrire l'égalité des dimensions dans **(2)** :

$$[E] = \frac{[V]}{[r]} \text{ ce qui entraîne : } [V] = [E]L = ML^2T^{-3}I^{-1}.$$

2. ❑ **a.** ☒ **b.** ☒ **c.** ❑ **d.** ❑ **e.**

• **a faux.** Dans le système international, l'unité de pression est le Pascal (symbole Pa).
• **d faux.** L'équation aux dimensions de l'énergie est $[E] = M.L^2.T^{-2}$.
• **e faux.** La constante des gaz parfaits vaut $R = 8{,}314\ J.K^{-1}.mol^{-1}$.

3. ❑ **a.** ☒ **b.** ❑ **c.** ❑ **d.** ❑ **e.**

Quand on répète n fois la même mesure et qu'on fait la moyenne des mesures, l'incertitude sur le résultat est égale au produit de l'incertitude sur chaque mesure par $\frac{1}{\sqrt{n}}$. On obtient ainsi (en mm) : 78,612 68 ± 0,843 621, c'est-à-dire après élimination des chiffres après la virgule non significatifs : 78,61 ± 0,84.

4. ❑ **a.** ☒ **b.** ☒ **c.** ❑ **d.** ❑ **e.**

La surface corporelle du patient vaut : $V = \sqrt{\frac{180 \times 80}{3600}} = 2\ m^2$.

La dose de médicament par semaine est donc égale à : 5 × 2 = 10 mg, soit aussi 0,01 g.

5. ❑ **a.** ❑ **b.** ❑ **c.** ☒ **d.** ❑ **e.**

Attention, dans l'énoncé il s'agit du logarithme décimal.

L'inconnue $x = [B]$ vérifie l'équation :

$$6{,}6 = 7{,}2 + \log\left(\frac{x}{0{,}080}\right) \quad \Leftrightarrow \quad \log\left(\frac{x}{0{,}080}\right) = -0{,}6$$

$$\Leftrightarrow \quad \frac{x}{0{,}080} = 10^{-0{,}6} \quad \text{soit : } x = 0{,}020.$$

6. ☐ **a.** ☒ **b.** ☐ **c.** ☐ **d.** ☐ **e.**

À partir de l'instant 0, la quantité de noyaux sera divisée par 5 à l'instant t qui vérifie :

$$N(t)=\frac{1}{5}N_0 \quad \Leftrightarrow \quad e^{-\lambda t}=\frac{1}{5} \quad \Leftrightarrow \quad -\lambda t=-\ln 5$$

$$\Leftrightarrow \quad t=\frac{\ln 5}{0{,}131}\approx 12{,}29.$$

Hors concours : à partir de n'importe quel instant t_0, le temps nécessaire pour que le nombre de noyaux soit divisé par 5 est toujours le même.

7. ☐ **a.** ☒ **b.** ☐ **c.** ☐ **d.** ☐ **e.**

D'une façon générale, un tel modèle est utilisé quand le phénomène étudié est le résultat d'un phénomène rapide (expulsion d'une substance en stock) et d'un phénomène lent (sécrétion de la même substance).

Si α est très supérieur à β, pour t grand on a $C(t) \approx b\, e^{-\beta t}$, soit avec les deux dernières valeurs :

$$\begin{cases} 1{,}3 &= b\,e^{-12\beta} \\ 1{,}5 &= b\,e^{-10\beta} \end{cases} \quad \Rightarrow \quad \frac{1{,}5}{1{,}3}=e^{2\beta}$$

soit $\beta \approx 0{,}071\,55$, puis $b \approx 3{,}0678$.

À partir des deux premières valeurs, on peut alors écrire :

$9 \approx a+b$ d'où $a \approx 5{,}9322$

$4{,}3 \approx a\,e^{-\alpha} + b\,e^{-\beta}$ d'où $\alpha \approx 1{,}413$.

Vous pouvez remarquer qu'avec les estimations obtenues on obtiendrait $C(2) \approx 3{,}012$, ce qui est conforme à la mesure observée.

8. ☐ **a.** ☐ **b.** ☐ **c.** ☒ **d.** ☐ **e.**

La seule réponse correcte est la **d.**. En effet, $N(t) = N_c\phi(t)^2$ avec $\phi(t) = (1 - e^{-kt})$. La fonction $t \mapsto N(t)$ est dérivable sur $\mathbb{R}$ comme composée de fonctions dérivables sur R et nous avons : $N'(t) = N_c 2\phi'(t)\phi(t) = N_c 2((-k)(-e^{-kt})(1-e^{-kt})) = 2N_c k e^{-kt}(1-e^{-kt})$.

9. ❑ **a.** ❑ **b.** ☒ **c.** ❑ **d.** ❑ **e.**

Quand une fonction f est dérivable en x_0, pour h voisin de 0, l'approximation d'ordre 1 s'écrit :

$$f(x_0+h) \approx f(x_0) + h\,f(x_0)$$

Ici, on a $A(x) = -\dfrac{1}{\ln 10}\ln(1-x)$ puis $A'(x) = \dfrac{1}{\ln 10}\dfrac{1}{1-x}$

soit pour $x_0 = 0$:

$$A(0+h) \approx \frac{h}{\ln 10} \text{ pour } h \text{ « petit »}$$

10. ❑ **a.** ☒ **b.** ❑ **c.** ❑ **d.** ❑ **e.**

La réponse attendue est la **b.** bien qu'elle soit mal formulée pour deux raisons. Premièrement, c'est lorsque la vitesse est maximale que sa dérivée est nulle et non l'inverse. Deuxièmement, cette assertion n'est toujours vraie que si la vitesse maximale est atteinte en un point intérieur à l'intervalle I et non en l'une de ses bornes.

Un calcul direct permet de montrer que **d.** et **e.** sont fausses. V est polynomiale, donc deux fois dérivable, sur $I = [0, B]$ et $V'(r) = \dfrac{A}{\pi}(2Br - 3r^2)$.

En $r = 0$ et $r = B$, $V(r) = 0$: la fonction ne peut être maximale aux bornes de I. Le maximum est à chercher à l'intérieur de I.

La dérivée s'annule pour $r = 0$ ou $r = \dfrac{2}{3}B$. Seule la nature du point critique intérieur à I nous intéresse et nous y évaluons donc la dérivée seconde :

$$V''(\frac{2}{3}B) = \frac{A}{\pi}(2B - 6\frac{2}{3}B) = -\frac{2}{\pi}AB < 0 \text{ car } A = 31{,}8 \text{ et } B = 3.$$

Le point critique $r = \dfrac{2}{3}B$ est donc un maximum pour $V(r)$. Ce maximum vaut :

$$V(\frac{2}{3}B) = \frac{A}{\pi}(B(\frac{2}{3}B)^2 - (\frac{2}{3}B)^3) = 4\frac{A}{\pi}\frac{B^3}{27} = 4\frac{31{,}8}{\pi}\frac{27}{27} \approx 40.$$

11. ❑ **a.** ☒ **b.** ❑ **c.** ❑ **d.** ❑ **e.**

Il s'agit d'une équation différentielle du premier ordre. L'équation homogène associée $S'(t) + 2S(t) = 0$ a pour solution générale :

$$S(t) = K\,e^{-2t} \text{ avec } K \in \mathbb{R}.$$

C'est un résultat à connaître dans le cas de coefficients constants.

La méthode de variation de la constante conduit à introduire une fonction auxiliaire $u(t)$ telle que $S(t) = u(t)\ e^{-2t}$ soit solution de l'équation proposée.
En calculant $S'(t) = u'(t)\ e^{-2t} - 2u(t)\ e^{-2t}$, en reportant et en simplifiant, il reste :

$$u'(t) = 100e^{t} \quad \text{soit} \quad u(t) = 100e^{t} + K.$$

Et donc la solution générale de l'équation proposée est :

$$S(t) = K\ e^{-2t} + 100e^{-t} \quad \text{avec } K \in \mathbb{R}.$$

Vous pouvez aussi obtenir une solution particulière par identification sous la forme $a\ e^{-t}$ et additionner à la solution générale de l'équation homogène.

La condition initiale $S(0) = 0$ donne $K = -100$, puis la fonction :

$$S(t) = 100\ (e^{-t} - e^{-2t}).$$

Pour avoir un maximum, il est nécessaire que :

$0 = S'(t) = 100\ (-e^{-t} + 2e^{-2t})$ soit :

$$2e^{-2t} = e^{-t} \quad \Leftrightarrow \quad -2t + \ln 2 = -t \quad \Leftrightarrow \quad t = \ln 2 \approx 0{,}69.$$

Hors concours : il s'agit bien d'un maximum puisque :
$S'(t) > 0$ pour $t < \ln 2$; $S'(t) < 0$ pour $t > \ln 2$.

12. ❑ **a.** ☒ **b.** ❑ **c.** ❑ **d.** ❑ **e.**

• Pour calculer une primitive de $f(t) = \dfrac{1}{(3t+1)^2}$ écrivez $f\ (t) = (3t + 1)^{-2}$, augmentez la puissance de 1, c'est-à-dire considérez $(3t + 1)^{-1}$.
Cette fonction a pour dérivée $-3(3t + 1)^{-2}$. Par conséquent :

$$\int \frac{1}{(3t+1)^2}\,dt = -\frac{1}{3}(3t+1)^{-1} = -\frac{1}{3}\frac{1}{3t+1} + \text{cte}.$$

Comme $1 - \dfrac{1}{3}\dfrac{1}{3t+1} = \dfrac{9t+2}{9t+3}$ les réponses **b.** et **e.** conviennent.

• Vous pouvez aussi utiliser le changement de variable : $x = 3t + 1$.
On a alors $dx = 3dt$, soit $dt = \dfrac{1}{3}dx\ldots$

13. ❑ **a.** ❑ **b.** ☒ **c.** ❑ **d.** ❑ **e.**

Pour calculer I, utilisons une intégration par parties :

$$u = 2t + 1 \quad ; \quad v' = e^{3t}$$

$$u' = 2 \quad ; \quad v = \frac{1}{3}e^{3t}$$

$$I = \left[(2t+1)\frac{1}{3}e^{3t}\right]_0^1 - \frac{2}{3}\int_0^1 e^{3t}\,dt = \left[\left(\frac{2}{3}t + \frac{1}{3} - \frac{2}{9}\right)e^{3t}\right]_0^1 = \frac{7}{9}e^3 - \frac{1}{9}.$$

14. ❑ **a.** ❑ **b.** ☒ **c.** ❑ **d.** ❑ **e.**

Vous pouvez chercher la solution générale de l'équation différentielle, déterminer la constante avec la condition initiale, puis calculer $y'(x)$ et enfin remplacer x par 2.

Mais il y a beaucoup plus simple, et un jour de concours, il est important de gagner du temps.

En remplaçant x par 2 dans l'équation différentielle, on obtient pour toute solution y : $y'(2) + 3y(2) = 5$.

Avec la condition initiale $y(2) = 3$, il vient $y'(2) = -4$.

15. ☒ **a.** ☒ **b.** ❑ **c.** ❑ **d.** ☒ **e.**

Il s'agit d'une équation différentielle linéaire du second ordre, à coefficients constants, homogène. On peut essayer les fonctions proposées. On peut aussi résoudre l'équation.

L'équation caractéristique $r^2 + 9 = 0$ admet deux racines complexes conjuguées 3i et –3i. La solution générale est donc :

$$K_1\cos(3x) + K_2\sin(3x).$$

Les réponses **a.**, **b.**, **e.** correspondent à des valeurs particulières des constantes K_1 et K_2.

16. ❑ **a.** ❑ **b.** ❑ **c.** ☒ **d.** ❑ **e.**

L'équation proposée **(1)** est linéaire. Sa solution générale est la somme :

- ➢ de la solution générale de l'équation homogène associée **(2)** $y' - y = 0$ soit $y = K\,e^x$
- ➢ et d'une solution particulière de **(1)** que l'on peut chercher par diverses variantes, par exemple par identification en partant de la forme :

$y = (ax + b)\,e^{2x} \qquad y' = (a + 2ax + 2b)\,e^x$

En reportant dans **(1)** et en simplifiant, on obtient :

$$\forall x \in \mathbb{R} \qquad ax + a + b = x \Leftrightarrow \begin{cases} a = 1 \\ a + b = 0 \end{cases} \Leftrightarrow \begin{cases} a = 1 \\ b = -1 \end{cases}.$$

On obtient ainsi la solution particulière de **(1)** : $y = (x - 1)\,e^{2x}$, puis la solution générale de la proposition **d.**

17. ❑ **a.** ❑ **b.** ❑ **c.** ❑ **d.** ☒ **e.**

La réponse **a.** est fausse puisque $\dfrac{\partial C}{\partial L} = \dfrac{-1}{\varepsilon L^2}\log(x)$.

Puis $\dfrac{\partial C}{\partial x} = \dfrac{1}{\varepsilon L}\left(\dfrac{\ln(x)}{\ln(10)}\right)' = \dfrac{1}{\varepsilon Lx}\dfrac{1}{\ln(10)}$ d'où **b.**, **c.** et **d.** fausses et **e.** vraie.

18. ❑ **a.** ☒ **b.** ❑ **c.** ❑ **d.** ❑ **e.**

Le calcul suivant permet de montrer que **b.** est la seule réponse attendue.

$$\mathrm{d}C = \frac{\partial C}{\partial L}\mathrm{d}L + \frac{\partial C}{\partial x}\mathrm{d}x = \frac{-1}{\varepsilon L^2}\log(x)\mathrm{d}L + \frac{1}{\varepsilon Lx}\frac{1}{\ln(10)}\mathrm{d}x$$

D'où l'incertitude absolue :

$$\Delta C = \left|\frac{-1}{\varepsilon L^2}\log(x)\right|\Delta L + \left|\frac{1}{\varepsilon Lx}\frac{1}{\ln(10)}\right|\Delta x$$

et l'incertitude relative :

$$\frac{\Delta C}{C} = \frac{1}{C}\left(\frac{C}{L}\right)\Delta L + \frac{1}{C}\left|\frac{C}{x\ln(x)}\right|\Delta x = \frac{\Delta L}{L} + \frac{1}{|\ln(x)|}\frac{\Delta x}{x}.$$

19. ☒ **a.** ❑ **b.** ☒ **c.** ❑ **d.** ❑ **e.**

Avec l'écriture $f(D,d) = \dfrac{1}{4}D - \dfrac{1}{4}\dfrac{d^2}{D}$ on calcule plus facilement les dérivées partielles :

$$\frac{\partial f}{\partial D} = \frac{1}{4} + \frac{1}{4}\frac{d^2}{D^2} = \frac{D^2 + d^2}{4D^2} \;;\; \frac{\partial f}{\partial d} = -\frac{d}{2D}.$$

La proposition **b.** correspond à la différentielle, pas à l'incertitude qui est :

$$\Delta f = \left|\frac{1}{4} + \frac{d^2}{4D^2}\right|\Delta D + \left|\frac{d}{2D}\right|\Delta d = \left(\frac{1}{4} + \frac{d^2}{4D^2}\right)\Delta D + \frac{d}{2D}\Delta d.$$

[Statistique descriptive]

FICHE COURS 9

Série statistique à une dimension

1. Généralités

a. Vocabulaire général

- La statistique étudie des ensembles appelés **populations**, dont les éléments sont appelés **individus**, ou **unités statistiques**. Dans le cas d'une série statistique à une variable, à chaque individu on associe une éventualité d'un **caractère statistique**.
- Si les éventualités ne sont pas des nombres, le caractère est dit **qualitatif** et les éventualités s'appellent les **modalités** du caractère. S'il y a deux modalités, le caractère est **binaire** ou **dichotomique**. S'il y a plus de deux modalités, le caractère est **multinomial** (exemple : les groupes sanguins).

  Un caractère qualitatif est dit **ordinal** si les modalités peuvent être ordonnées de façon naturelle (exemple pour une maladie : situation améliorée, inchangée, aggravée).
- Si les éventualités sont des nombres, le caractère est dit **quantitatif** et les éventualités sont les **valeurs** du caractère.

Un caractère quantitatif est dit **continu** s'il peut prendre toutes les valeurs d'un intervalle. Il est discontinu ou **discret** s'il ne peut prendre que des valeurs isolées.

b. Série statistique, effectif, classes statistiques, densité

- Dans le cas d'un caractère qualitatif ou quantitatif discret, on dispose d'une **série statistique** quand on connaît pour chaque individu la modalité, ou la valeur, prise par le caractère. L'**effectif** d'une modalité, ou d'une valeur, est le nombre de fois où elle apparaît dans la population.
- Quand le caractère quantitatif est continu, ou discret avec beaucoup de valeurs, on considère des intervalles, en général du type $]a\,;b]$, que l'on appelle des **classes statistiques**.

  La longueur $b - a$ de l'intervalle est l'**amplitude** de la classe. Sa **densité** est le quotient de l'effectif par l'amplitude.

c. Fréquence

Pour une valeur (ou une modalité) d'un caractère, ou pour une classe, la **fréquence** est le quotient de l'effectif concerné N_i par l'effectif total $N : f_i = \frac{N_i}{N}$. La somme des fréquences est donc égale à 1.

Si on veut obtenir la répartition en pourcentages, il suffit de multiplier les fréquences par 100.

d. Effectif cumulé, fréquences cumulée

Lorsque le caractère est quantitatif, on range les valeurs (ou les classes) par ordre croissant.

L'**effectif cumulé** jusqu'à k est la somme des effectifs associés aux valeurs du caractère qui sont inférieures ou égales à k.

La **fréquence cumulée** jusqu'à k s'obtient en additionnant les fréquences associées aux valeurs $\leq k$ ou en divisant l'effectif cumulé par l'effectif total.

2. Représentations graphiques

a. Cas d'un caractère qualitatif ou quantitatif discret

- Si on veut insister sur la comparaison des effectifs, on trace un **diagramme à bandes**, ou un **diagramme en bâtons**. Les longueurs doivent être proportionnelles aux effectifs.
- Si on préfère mettre en évidence les pourcentages pour comparer visuellement les structures de plusieurs séries statistiques (c'est-à-dire les répartitions en pourcentages), on représente les données à l'aide :
  - de graphiques circulaires (parfois appelés camemberts), où les angles au centre du disque, ou du demi-disque, sont proportionnels aux pourcentages ;
  - ou de bandes subdivisées de longueur fixe.

b. Cas d'un caractère quantitatif continu

On peut utiliser les représentations précédentes. Mais on construit le plus souvent un **histogramme** : les intervalles des classes sont reportés sur un axe ; ils servent de bases à des rectangles dont les aires sont proportionnelles aux effectifs. Dans ce cas, les côtés des rectangles perpendiculaires à l'axe sont proportionnels aux densités des classes.

FICHE COURS 10

Caractéristiques d'un caractère quantitatif

[IMPORTANT]

L'objectif de la statistique est d'étudier des populations au travers des caractères que possèdent des individus en n'ayant accès qu'à des échantillons. Les informations sont alors incomplètes et les décisions sont liées à des risques. Cette problématique sera abordée à partir de la fiche 27.
Dans cette partie, les définitions concernent une population.

1. Caractéristiques de position ou de tendance centrale

a. Moyenne (arithmétique)

Notons $x_1,\ldots,x_p$ les valeurs du caractère quantitatif X étudié, $N_1,\ldots,N_p$ les effectifs correspondants et $N = N_1 + \cdots + N_p$ l'effectif total. La **moyenne** de la série statistique est le nombre :

$$\mu(X)=\frac{1}{N}\sum_{i=1}^{p} N_i x_i =\sum_{i=1}^{p} f_i x_i.$$

Quand les informations sont fournies avec des classes statistiques (voir Fiche 9), $]a_i\ ;\ a_{i+1}]$ on utilise la même formule en retenant comme valeurs x_i les milieux des classes correspondantes.

[IMPORTANT]

La moyenne est sensible aux valeurs extrêmes.

b. Médiane

Cas d'un caractère quantitatif discret

On ordonne les N valeurs de la série statistique par ordre croissant.

Si N est impair, la **médiane** est égale à la valeur de rang $\frac{N+1}{2}$.

Si N est pair, les valeurs de rangs $\frac{N}{2}$ et $\frac{N}{2}+1$ déterminent l'**intervalle médian**. On retient souvent comme médiane le milieu de cet intervalle.

Cas d'un caractère quantitatif continu

Dans ce cas, la **médiane** est le nombre M_e tel que la fréquence cumulée (voir fiche précédente) jusqu'à M_e soit égale à 0,5.

[IMPORTANT]

La médiane est insensible aux valeurs extrêmes.

c. Quantiles

En partageant la série ordonnée des valeurs en quatre parties de même effectif, on obtient les **quartiles** Q_1, Q_2, Q_3.
Le deuxième quartile Q_2 est la médiane ; donc $Q_2 = M_e$.
En partageant la série ordonnée des valeurs en dix parties de même effectif, on obtient les **déciles**. En généralisant, on parle de **quantiles**.

d. Mode

On appelle **mode**, ou dominante, de la série statistique toute valeur (ou modalité) correspondant à l'effectif maximal (densité maximale dans le cas de classes statistiques).
Il n'y a pas forcément unicité du mode. S'il existe deux, trois... modes, on parle alors de **distribution bimodale, trimodale**...

2. Caractéristiques de dispersion

a. Variance, écart type

Avec les mêmes notations que précédemment, la **variance** de la série statistique est le nombre :

$$\sigma^2(X) = \frac{1}{N}\sum_{i=1}^{p} N_i(x_i - \mu(X))^2 = \sum_{i=1}^{p} f_i(x_i - \mu(X))^2.$$

La variance peut aussi se calculer par le **théorème de König-Huygens** :

$$\sigma^2(X) = \frac{1}{N}\left(\sum_{i=1}^{p} N_i x_i^2\right) - (\mu(X))^2.$$

Le réel positif $\sigma(X)$ est l'**écart type** de la série statistique.

[IMPORTANT]

Les calculatrices fournissent directement, sous des notations diverses, l'écart type σ et la variance σ^2.
Parfois elles fournissent aussi un autre nombre noté généralement σ_{n-1}^2, qui est égal à :

$$\sigma_{n-1}^2 = \frac{1}{n-1}\sum_{i=1}^{p} n_i(x_i - \overline{x}_n)^2 = \frac{n}{n-1}\sigma^2$$

où $\overline{x}_n$ désigne la moyenne de l'échantillon.

σ_{n-1}^2 est destiné à estimer la variance d'une population quand on ne dispose que d'un échantillon de taille n. On l'appelle la variance estimée (ou variance corrigée), voir Fiche 28. Notez qu'ici c'est la taille n qui est utilisé est non N car on travaille avec un échantillon.

b. Coefficient de variation

Le **coefficient de variation** d'une série statistique est le rapport $\frac{\sigma(X)}{\mu(X)}$.
C'est un nombre sans dimension qui permet de comparer la dispersion de séries statistiques dont les moyennes sont très différentes, ou des séries statistiques qui ne s'expriment pas dans la même unité.

c. Autres caractéristiques de dispersion

- L'**étendue** d'une série statistique associée à un caractère quantitatif est la différence entre la plus grande et la plus petite valeur de la série.
- L'**écart interquartile** est le nombre $Q_3 - Q_1$ où Q_1 est le premier quartile et Q_3 le troisième quartile.

3. Boîte de dispersion (ou boîte à moustaches)

C'est une représentation graphique d'un caractère quantitatif. Elle sert à comparer visuellement plusieurs séries statistiques. Diverses variantes existent. En général,
– la « boîte » est un rectangle limité par le premier et le troisième quartile où figure la médiane ;
– les « moustaches » peuvent s'achever aux valeurs extrêmes (le minimum et le maximum de la série) ou aux premier et neuvième déciles.

Série statistique à deux dimensions

1. Distribution statistique à deux dimensions

Sur une population, déterminer une distribution statistique à deux dimensions relative au couple (X, Y), c'est connaître :

- les valeurs possibles $x_1, \ldots, x_p$ pour le caractère statistique X (ou les modalités ou les classes) ;
- les valeurs possibles $y_1, \ldots, y_q$ pour le caractère statistique Y (ou les modalités ou les classes) ;
- l'**effectif** N_{ij} correspondant à chaque observation simultanée ($X = x_i$ et $Y = y_j$). Si N désigne l'effectif total, la **fréquence** correspondante est $f_{ij} = \dfrac{N_{ij}}{N}$.

Il est commode de présenter ces renseignements à l'aide d'un tableau à double entrée.

2. Distributions marginales

À partir de la distribution statistique du couple (X, Y), on peut déduire la distribution statistique concernant le caractère statistique X seul, et celle qui est relative au caractère statistique Y seul :

$(X = x_i)$ a pour effectif : $N_{i\bullet} = \sum_{j=1}^{q} N_{ij}$ (somme des effectifs pour i fixé)

et pour fréquence : $f_{i\bullet} = \dfrac{N_{i\bullet}}{N}$.

$(Y = y_j)$ a pour effectif $N_{\bullet j} = \sum_{i=1}^{p} N_{ij}$ (somme des effectifs pour j fixé)

et pour fréquence : $f_{\bullet j} = \dfrac{N_{\bullet j}}{N}$.

La détermination des effectifs $N_{i\bullet}$ et $N_{\bullet j}$ se fait à partir du tableau à double entrée par addition suivant les lignes et les colonnes, et en reportant les résultats en marge du tableau.

3. Distributions conditionnelles

a. Distribution conditionnelle de Y pour $X = x_i$

C'est la distribution des $N_{i\bullet}$ observations vérifiant la condition $X = x_i$ et réparties selon les valeurs prises par Y. Pour ceci, il suffit d'extraire du tableau à double entrée la ligne correspondant à $\boldsymbol{X = x_i}$.
On obtient les fréquences conditionnelles en divisant ces effectifs par le total $N_{i\bullet}$.

b. Distribution conditionnelle de X pour $Y = y_j$

De la même manière, c'est la distribution des $N_{\bullet j}$ observations vérifiant la condition $Y = y_j$ réparties selon les valeurs prises par X.
En divisant par le total $N_{\bullet j}$ de la colonne j, on obtient des fréquences conditionnelles.

4. Indépendance statistique

Deux caractères statistiques X et Y sont dits **indépendants** si :

$$\forall i \ \forall j \quad f_{ij} = f_{i\bullet} \times f_{\bullet j}$$

ou, ce qui revient au même :

$$N_{ij} = \frac{N_{i\bullet} \times N_{\bullet j}}{N}.$$

L'indépendance statistique de X et de Y correspond au fait que les lignes sont proportionnelles, ainsi que les colonnes.
L'indépendance statistique de X et de Y correspond à la fois :

- à l'indépendance de Y par rapport à X : les fréquences conditionnelles de Y pour $X = x_i$ ne dépendent pas de i ;
- à l'indépendance de X par rapport à Y : les fréquences conditionnelles de X pour $Y = y_j$ ne dépendent pas de j.

5. Caractéristiques d'une série statistique double

a. Moyennes arithmétiques et variances marginales

$$\mu(X) = \frac{1}{N}\sum_{i=1}^{p} N_{i\bullet} x_i \ ; \ \mu(Y) = \frac{1}{N}\sum_{j=1}^{q} N_{\bullet j} y_j.$$

$G(\mu(X), \mu(Y))$ est le **point moyen**.

$$\sigma^2(X)=\frac{1}{N}\sum_{i=1}^{p}N_{i\bullet}(x_i-\mu(X))^2=\frac{1}{N}\left(\sum_{i=1}^{p}N_{i\bullet}x_i^2\right)-(\mu(X))^2.$$

$$\sigma^2(Y)=\frac{1}{N}\sum_{j=1}^{q}N_{\bullet j}(y_j-\mu(Y))^2=\frac{1}{N}\left(\sum_{j=1}^{q}N_{\bullet j}y_j^2\right)-(\mu(Y))^2.$$

b. Covariance

$$\mathrm{Cov}\,(X,Y)=\frac{1}{N}\sum_{\substack{1\le i\le p\\1\le j\le q}}N_{ij}(x_i-\mu(X))(y_j-\mu(Y))$$

$$=\frac{1}{N}\Big(\sum_{\substack{1\le i\le p\\1\le j\le q}}N_{ij}\,x_i\,y_j\Big)-\mu(X)\,\mu(Y).$$

c. Propriétés de la covariance

$\mathrm{Cov}\,(aX+b,cY+d)=ac\,\mathrm{Cov}\,(X,Y)$ où a, b, c, d sont des réels quelconques.

$\mathrm{Cov}\,(X,Y)=\sigma^2(X)$

$|\mathrm{Cov}\,(X,Y)|\le\sigma(X)\,\sigma(Y).$

Si les deux caractères statistiques X et Y sont indépendants, alors $\mathrm{Cov}\,(X,Y)=0$. Attention, la réciproque est fausse.

6. Corrélation linéaire

a. Coefficient de corrélation linéaire empirique

On appelle **coefficient de corrélation linéaire empirique** des deux caractères X et Y le nombre réel ρ défini par :

$$\rho(X,Y)=\frac{\mathrm{Cov}(X,Y)}{\sigma(X)\sigma(Y)}.$$

b. Propriétés

Le nombre réel $\rho(X,Y)$ est invariant pour tout changement d'origine et d'échelle.

On a toujours : $-1\le\rho(X,Y)\le1$.

Si les deux caractères X et Y sont indépendants, alors $\rho(X,Y)=0$. Attention, la réciproque est fausse.

FICHE COURS 12

Ajustement affine

1. La méthode des moindres carrés ordinaire (MCO)

a. Généralités

On considère un nuage de points (x_1,y_1), … ,(x_N ,y_N).
L'allure du nuage de points et des considérations sur le phénomène étudié peuvent suggérer une relation fonctionnelle entre X et Y.

Exemple

$y = ax + b$; $y = ax^b$; $y = a \ln x + b$ … où a et b sont des nombres réels inconnus.

Après avoir choisi un modèle, une distance entre les points expérimentaux donnés et une courbe du type choisi, on détermine les valeurs des paramètres a et b qui rendent la distance minimale.

b. Ajustement par une droite

Quand les points expérimentaux sont à peu près alignés, on retient comme modèle $y = ax + b$ (ajustement affine).
Dans la **méthode des moindres carrés**, on choisit de rendre minimale la distance S, somme des carrés des écarts verticaux.

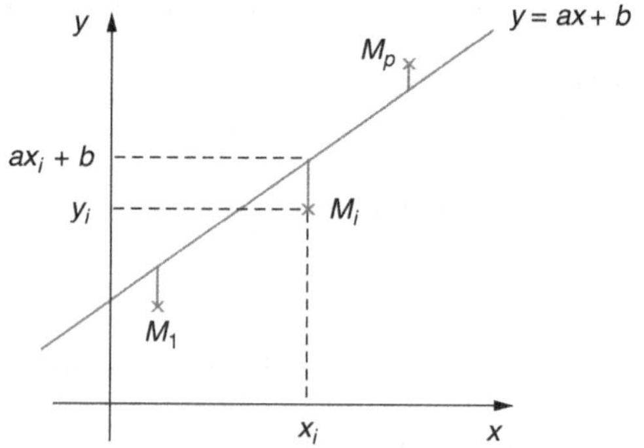

$$s = \sum_{i=1}^{p} N_i (y_i - ax_i - b)^2$$

Statistique descriptive

2. Droite de régression de *Y* par rapport à *X*

a. Équation de la droite

La droite d'équation $y = ax + b$ qui rend la distance S minimale est celle qui passe par le point moyen $G(\mu(X), \mu(Y))$, c'est-à-dire que :

$$\mu(Y) = a\mu(X) + b$$

et dont le coefficient directeur est égal à :

$$a = \frac{\text{Cov}(X,Y)}{\sigma^2(X)}.$$

Cette droite est la **droite de régression** de Y par rapport à X.
La covariance de X et de Y est définie par :

$$\begin{aligned}\text{Cov}(X,Y) &= \frac{1}{N}\sum_{i=1}^{N}(x_i - \mu(X))(y_i - \mu(Y)) \\ &= \frac{1}{N}\left(\sum_{i=1}^{N} x_i\, y_i\right) - \mu(X)\,\mu(Y).\end{aligned}$$

La deuxième expression se retient par :

moyenne des produits – produit des deux moyennes.

b. Décomposition de la variance

Quand on cherche une droite de régression de Y par rapport à X, les variables X et Y ne jouent pas le même rôle :

- Y est la variable à expliquer ;
- X est la variable potentiellement explicative.

Après obtention de la droite de régression de Y par rapport à X, on peut écrire :

$$\sigma^2(Y) = \sigma^2(aX+b) + \frac{1}{N}\sum_{i=1}^{N}(y_i - ax_i - b)^2$$

égalité que l'on interprète par :
variance de Y = variance expliquée par l'ajustement affine + variance résiduelle.

On constate que :

$$\frac{\text{variance expliquée}}{\text{variance totale}} = \frac{\sigma^2(aX+b)}{\sigma^2(Y)} = a^2\frac{\sigma^2(X)}{\sigma^2(Y)} = \frac{[\mathrm{Cov}(X,Y)]^2}{\sigma^2(X)\times\sigma^2(Y)}.$$

c. Coefficient de corrélation linéaire

Définitions

On appelle **coefficient de corrélation linéaire** des deux caractères X et Y le nombre réel défini par :

$$\rho(X,Y) = \frac{\mathrm{Cov}(X,Y)}{\sigma(X)\sigma(Y)}.$$

Le nombre réel $\rho^2(X,Y)$ est le **coefficient de détermination**.

[IMPORTANT]

De nombreuses calculatrices donnent directement $\rho(X, Y)$ et les coefficients de la droite de régression. Mais regardez si votre machine donne $y = ax + b$ ou $y = a + bx$.

Propriétés

Le nombre réel $\rho(X, Y)$ est invariant pour tout changement d'origine et d'échelle.
On a toujours : $-1 \leqslant \rho(X,Y) \leqslant 1$.
Le nuage des points (x_i, y_j) est une droite si, et seulement si :

$\rho(X,Y) = 1$ (droite à pente positive)
ou $\rho(X,Y) = -1$ (droite à pente négative).

Si $|\rho(X,Y)|$ est voisin de 1, on dit qu'il existe une forte corrélation linéaire entre X et Y.

[ATTENTION]

Une forte corrélation linéaire ne signifie pas qu'il existe une relation de cause à effet entre X et Y. La confusion entre corrélation et causalité est une erreur courante.

Entraînement sur la statistique descriptive

Énoncés

1. Cochez la (ou les) réponse(s) exacte(s).

❑ **a.** Le code postal est un caractère qualitatif.

❑ **b.** Le code postal est un caractère quantitatif.

❑ **c.** Le résultat de l'écrit du bac (reçu, passe l'oral, ajourné) est un caractère binaire.

❑ **d.** On peut calculer la moyenne et l'écart type d'un caractère quantitatif.

❑ **e.** On peut calculer la moyenne et l'écart type d'un caractère qualitatif.

2. *(D'après concours PACES Grenoble)*
À propos des types de variables :

❑ **a.** Une variable ordinale est une variable qualitative présentant certaines particularités.

❑ **b.** La densité de cheveux (nombre de cheveux par unité de surface) sur le crâne d'un enseignant est une variable quantitative.

❑ **c.** La masse d'une tumeur est une variable quantitative continue.

❑ **d.** La masse d'une tumeur devient une variable qualitative si on choisit de l'exprimer en microgrammes.

❑ **e.** Toutes les propositions précédentes sont fausses.

3. *(D'après concours PACES Grenoble)*
La variance :

❑ **a.** est un paramètre de position.

❑ **b.** nécessite, pour être calculée, de ranger les valeurs observées par ordre croissant.

❑ **c.** s'exprime dans les mêmes unités que le caractère dont elle caractérise la distribution.

❑ **d.** est la racine carrée de l'écart type.
❑ **e.** Toutes les propositions précédentes sont fausses.

4. *(D'après concours PACES Nancy)*
À propos du box plot (boîte à moustaches) ci-dessous :

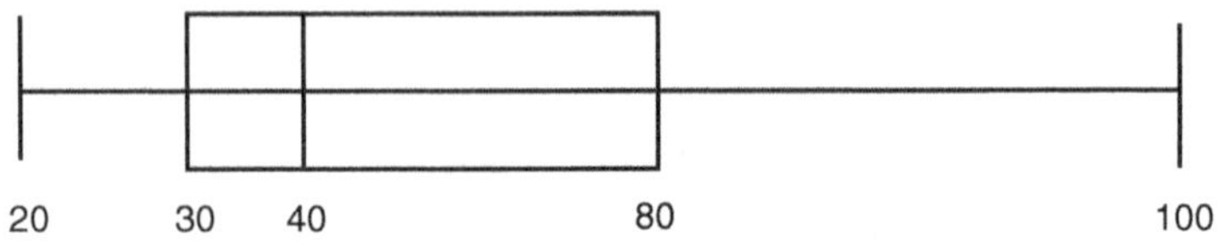

❑ **a.** Ce diagramme a été réalisé pour une variable qualitative nominale.

❑ **b.** 40 est la moyenne des valeurs obervées.

❑ **c.** La distribution est symétrique.

❑ **d.** La moitié des individus ont des valeurs inférieures à 30 ou supérieures à 80.

❑ **e.** La moyenne et la médiane sont confondues.

5. On mesure la capacité vitale CVi (volume d'air total qu'un sujet peut mobiliser lors de la respiration, exprimé en litres) de 15 sujets et on observe les valeurs suivantes:

3,47	6,31	5,93	5,74	5,27	4,88	3,86	5,69
3,36	4,30	6,48	5,66	2,99	4,91	4,31	

❑ **a.** La variance des valeurs est égale à 1,25.
❑ **b.** La variance des valeurs est égale à 1,16.
❑ **c.** La variable aléatoire associée à la mesure est une variable ordinale.
❑ **d.** Le premier quartile est égal à la moitié de la médiane.

❑ **e.** La médiane vaut 4.

6. Sur les mêmes sujets que précédemment, on a également mesuré la taille T des sujets. Quelles sont les affirmations exactes ?
❑ **a.** La covariance $\text{Cov}(CVi, T)$ quantifie l'intensité de la relation entre la CVi et la taille T.

❑ **b.** Le coefficient de corrélation linéaire ρ vaut 0 si la CVi et la taille sont indépendantes.

❑ **c.** Le coefficient de corrélation linéaire entre $2 \times CVi$ et $2 \times T$ vaut $2\rho(CVi, T)$.

❑ **d.** Si on change les unités de la capacité vitale, la valeur de la covariance change.

❑ **e.** Si on change les unités de la capacité vitale, la valeur du coefficient de corrélation linéaire change.

7. *(D'après concours PACES Tours)*
Le début de la grippe H1N1 a été enregistré à Mexico. Les premières informations concernaient 18 patients hospitalisés en unité de réanimation pour des problèmes respiratoires.

Le délai entre le premier jour de fièvre et le jour de l'hospitalisation en réanimation a été mesuré. Ce délai variait de 4 à 13 jours.
La médiane était de 6 jours. Qu'en concluez-vous?

❑ **a.** Pour 6 patients, le délai avant hospitalisation en réanimation était compris entre 6 et 14 jours.

❑ **b.** Pour 6 patients, le délai avant hospitalisation en réanimation était compris entre 4 et 14 jours.

❑ **c.** Il y a un maximum de patients qui étaient hospitalisés en réanimation au 6e jour.

❑ **d.** Pour 9 patients, le délai avant hospitalisation en réanimation était supérieur ou égal à 6 jours.

❑ **e.** Le délai moyen avant hospitalisation en unité de réanimation était de 6 jours.

8. Sur une série de 120 patients atteints d'un cancer du colon, on a relevé les stades suivants, selon le sexe :

stade	1	2	3	4
hommes	7	16	20	15
femmes	5	12	27	18

❑ **a.** 27 % des patients (hommes et femmes) ont un stade inférieur ou égal à 2.

❑ **b.** Le sexe et le stade sont deux caractères indépendants.

❑ **c.** $f_{23} = 27$.

❑ **d.** La distribution conditionnelle du sexe sachant que le stade est 3 est la suivante : $n_{\bullet 3} = (20 ; 27)$.

❑ **e.** La distribution marginale du stade montre un mode pour le stade 3.

9. *(D'après concours PACES Nantes)*

Soient X et Y deux caractères statistiques dont la loi de probabilité du couple est donnée par le tableau suivant :

X \ Y	1	2	3	4
2	0,04	0,08	0,08	0,05
4	0,12	0,24	0,24	0,15

❑ **a.** La probabilité jointe $\mathbb{P}(X = 2, Y = 4)$ est égale à 0,12.

❑ **b.** D'après la loi marginale de X, on a $\mathbb{P}(X = 2) = 0,75$.

❑ **c.** D'après la loi marginale de Y, on a $\mathbb{P}(Y = 1) = 0,16$.

❑ **d.** Les caractères X et Y sont indépendants.

❑ **e.** Toutes les affirmations sont vraies.

10. On dose simultanément deux protéines (X et Y) dans le sérum de 15 patients. On obtient :

$\sum_i x_i = 1045,5$; $\sum_i y_i = 1324,5$; $\sigma^2(X) = 25,7$;

$\sigma^2(Y) = 61,2$; $\text{Cov}(X,Y) = 25,3$.

❑ **a.** Le coefficient de corrélation linéaire est positif.

❑ **b.** Le coefficient directeur est inférieur à la part de variance expliquée, elle-même inférieure au coefficient de corrélation linéaire.

❑ **c.** La droite de régression passe par le point (69,7 ; 88,3).

❑ **d.** La valeur prédite de Y pour $X = 71,7$ est égale à 90,3.

❑ **e.** X et Y sont linéairement indépendants.

11. On désire savoir s'il existe une corrélation entre la taille X (en cm) et la masse Y (en kg) chez des enfants de 2 ans. Les résultats obtenus sur 8 individus sont les suivants :

x_i	82	83	82	85	84	89	85	88
y_i	8,5	9,2	10,1	8,8	10,8	11,0	11,6	12,4

Le coefficient de corrélation linéaire a pour valeur (arrondie au centième) :

❑ **a.** $\rho(X, Y) = 0{,}73$. ❑ **b.** $\rho(X, Y) = 0{,}66$.

La covariance a pour valeur (arrondie au dixième) :

❑ **c.** $\mathrm{Cov}(X, Y) = 20{,}1$. ❑ **d.** $\mathrm{Cov}(X, Y) = 2{,}1$.

❑ **e.** $\mathrm{Cov}(X, Y) = -4{,}2$.

Corrigés

1. ☒ **a.** ❑ **b.** ❑ **c.** ☒ **d.** ❑ **e.**

• Même si un code postal est un nombre, additionner deux codes postaux n'aurait aucun sens. C'est donc un caractère qualitatif, l'écriture avec un nombre n'est là que par commodité. La réponse **b.** est donc fausse.

• Le résultat de l'écrit du bac comporte trois possibilités. Ce n'est donc pas un caractère binaire (deux issues : vrai/faux, succès/échec). La réponse **c** est donc fausse. Par contre, le résultat final est binaire.

• Pour faire une moyenne, il faut que les résultats observés soient des mesures. On confirme que le code postal est un caractère qualitatif puisque faire une moyenne de codes postaux n'aurait aucun sens.

> Hors concours : dans le cas d'un caractère qualitatif binaire succès/échec, en atttribuant la valeur 0 pour un échec et 1 pour un succès, on peut faire la moyenne de ces valeurs : il s'agit de la proportion de succès. Mais le codage a modifié le caractère.

2. ☒ **a.** ☒ **b.** ☒ **c.** ❑ **d.** ❑ **e.**

La proposition **a.** est vraie : c'est une variable qualitative dont les modalités sont ordonnées.

La proposition **b.** est vraie : une densité est une variable quantitative.
La proposition **c.** est vraie : c'est la mesure d'une grandeur physique continue.

La proposition **d.** est fausse : un changement d'unité ne change pas la nature d'une variable.

3. ❑ **a.** ❑ **b.** ❑ **c.** ❑ **d.** ☒ **e.**

La proposition **a.** est fausse. La variance est un paramètre de dispersion.
La proposition **b.** est fausse. C'est pour le calcul de la médiane qu'il faut ranger les valeurs observées, par ordre croissant de préférence.

La proposition **c.** est fausse. C'est l'écart type qui s'exprime dans la même unité que les mesures et la moyenne.
La proposition **d.** est fausse. C'est l'écart type qui est la racine carrée de la variance.

4. ❑ **a.** ❑ **b.** ❑ **c.** ☒ **d.** ❑ **e.**

La proposition **a.** est fausse. Une boîte à moustaches permet de représenter une variable quantitative.
La proposition **b.** est fausse. Aucun élément de cette boîte ne permet de connaître la valeur de la moyenne. 40 est la valeur de la médiane.
La proposition **c.** est fausse. La médiane n'est manifestement pas située au milieu de la boîte.
La proposition **d.** est vraie. La boîte interquartile correspond aux valeurs prises par la moitié des individus. L'autre moitié prend donc des valeurs en dehors de ses limites : la moitié des individus ont des valeurs inférieures à 30 ou supérieures à 80.
La proposition **e.** est fausse. Voir **b.**

5. ❑ **a.** ☒ **b.** ❑ **c.** ❑ **d.** ❑ **e.**

• Avec une calculatrice, on obtient :

$$\mu(X) \approx 4{,}88 \ ; \ \sigma \approx 1{,}08 \ ; \ \sigma^2 \approx 1{,}16.$$

La proposition **a.** qui est fausse correspond à la variance estimée présentée dans la fiche 19 et que votre calculatrice fournit aussi.

• La proposition **c.** est fausse. On a ici une variable quantitative (la preuve : on a pu calculer la moyenne et la variance). Et on parle de variable ordinale pour une variable qualitative dans laquelle les modalités ont un ordre naturel (stades d'une maladie, étapes d'un développement...).

• De manière générale, il n'y a aucune raison que le premier quartile Q_1 soit égal à la moitié de la médiane Q_2. La proposition **d.** est donc fausse.

Les quartiles Q_1, Q_2 et Q_3 sont les bornes qui permettent de couper la série statistique ordonnée en quatre parties de même effectif. Il faut donc d'abord ordonner les valeurs :

2,99	3,36	3,47	3,86	4,30	4,31	4,88	4,91
5,27	5,66	5,69	5,74	5,93	6,31	6,48	

et on trouve $Q_1 = 3{,}86$ et $Q_2 = 4{,}91$. La proposition **e.** est donc fausse.

6. ❑ **a.** ☒ **b.** ❑ **c.** ☒ **d.** ❑ **e.**

• C'est le coefficient de corrélation linéaire, et non la covariance, qui quantifie l'intensité de la liaison. La proposition **a.** est donc fausse.

Plus $|\rho(X, Y)|$ est voisin de 1, plus il existe une forte corrélation linéaire entre X et Y. Et dans le cas de l'indépendance on a $\rho(X, Y) = 0$. La réponse **b.** est donc vraie.

• La valeur de ρ est indifférente aux unités. Les propositions **c.** et **e.** sont donc fausses. Mais la covariance dépend des unités.

7. ☒ **a.** ☒ **b.** ❑ **c.** ☒ **d.** ❑ **e.**

La proposition **a.** est vraie. La médiane vaut 6 donc au moins 9 patients avec un délai ≤ 6 jours et au moins 9 patients avec un délai ≥ 6jours. Le délai maximum est de 13, il y a donc au moins 9 patients avec un délai compris entre 6 et 14 jours. L'assertion de l'énoncé est donc vraie : *pour 6 patients, le délai avant hospitalisation en réanimation était compris entre 6 et 14 jours.* L'assertion suivante aurait été fausse : *pour **exactement** 6 patients, le délai avant hospitalisation en réanimation était compris entre 6 et 14 jours.* La proposition **b.** est vraie. Il y a au moins 6 patients avec un délai compris entre 6 et 14 jours. Un délai compris entre 4 et 14 jours est une condition moins restrictive que la précédente. Elle est par conséquent satisfaite par encore plus de sujets.

La proposition **c.** est fausse. Rien ne permet d'affirmer que la valeur du mode est égal à 6 à partir de la seule connaissance de celle de la médiane. Cet item joue sur la confusion mode/médiane.

La proposition **d.** est vraie. Voir **a.**

La proposition **e.** est fausse. Rien ne permet d'affirmer que la valeur de la moyenne est égale à 6 à partir de la seule connaissance de celle de la médiane.

Cet item joue sur la confusion moyenne/médiane.

8. ☐ **a.** ☐ **b.** ☐ **c.** ☒ **d.** ☒ **e.**

Pour répondre aux questions, faites les totaux en lignes et en colonnes du tableau de l'énoncé.

stade	1	2	3	4	**totaux**
hommes	7	16	20	15	58
femmes	5	12	27	18	62
totaux	12	28	47	33	120

• La proportion des patients qui ont un stade de cancer inférieur ou égal à 2 est $\frac{12+28}{120}=\frac{1}{3}$. Ce n'est donc pas 27 %. La proposition **a.** est donc fausse.

• Le sexe et le stade du cancer ne sont pas des caractères indépendants car les lignes (ou les colonnes) du tableau ne sont pas proportionnelles. La proposition **b.** est donc fausse.

• La proposition **c.** est fausse puisqu'une fréquence est toujours comprise entre 0 et 1.

• Sachant que le stade est 3, la distribution conditionnelle du sexe est donnée par la colonne correspondant à la condition. La proposition **d.** est donc vraie.

• La distribution marginale du stade est donnée par la dernière ligne du tableau complété. Il y a bien un pic (pour le stade 3).

9. ☐ **a.** ☐ **b.** ☒ **c.** ☒ **d.** ☐ **e.**

La proposition **a.** est fausse.

Lecture directe : $\mathbb{P}(X=2; Y=4)=0,05$.

La proposition **b.** est fausse. $\mathbb{P}(X=2)$
$= \mathbb{P}(X=2\,;Y=1)+\mathbb{P}(X=2\,;Y=2)+\mathbb{P}(X=2\,;Y=3)$
$+\mathbb{P}(X=2\,;Y=4)=0,04+0,08+0,08+0,05=0,25.$

La proposition **c.** est vraie.
$\mathbb{P}(Y=1)=\mathbb{P}(X=2\,;Y=1)+\mathbb{P}(X=4\,;Y=1)=0,04+0,12=0,16.$

La proposition **d.** est vraie. Calculons les distribution conditionnelles
$(\mathbb{P}(Y=j \mid X=2), j=1,\ldots,4)$ et $(\mathbb{P}(Y=j \mid X=4), j=1,\ldots,4)$
à partir de la définition
$\mathbb{P}(Y=j \mid X=i)=\mathbb{P}(X=i,Y=j)/\mathbb{P}(X=i)$:

j	1	2	3	4
$\mathbb{P}(Y=j \mid X=2)$	0,16	0,32	0,32	0,20
$\mathbb{P}(Y=j \mid X=4)$	0,16	0,32	0,32	0,20

Les distributions conditionnelles sont identiques, d'où l'indépendance de X et Y.

Pour montrer l'indépendance de deux caractères X et Y, il aurait aussi été possible de vérifier que pour tout couple $(i,j)\in\{2;4\}\times\{1;2;3;4\}$, $\mathbb{P}(X=i\,;Y=j)=\mathbb{P}(X=i)\times\mathbb{P}(Y=j)$.

10. ☒ **a.** ❑ **b.** ☒ **c.** ☒ **d.** ❑ **e.**

• Le coefficient de corrélation linéaire est du même signe que la covariance. Il est donc positif. La proposition **a.** est donc exacte.

• Ici, le coefficient directeur $a=\dfrac{\mathrm{Cov}(X,Y)}{\sigma^2(X)}=\dfrac{25,3}{25,7}\approx 0,984$ a une valeur plus grande que le coefficient de corrélation linéaire

$$\rho(X,Y)=\frac{\mathrm{Cov}(X,Y)}{\sigma(X)\sigma(Y)}=\frac{25,3}{\sqrt{25,7}\sqrt{61,2}}\approx 0,638.$$

Par contre, la part de la variance expliquée, soit ρ^2, est toujours inférieure à $|\rho|$ puisque $\rho\in[-1;1]$. La proposition **b.** est donc fausse.

• On a $\mu(X)=\dfrac{1045,5}{15}=69,7$ et $\mu(Y)=\dfrac{1324,5}{15}=88,3$. Comme la droite d'ajustement passe par le point moyen, l'affirmation **c.** est exacte.

• On connaît le coefficient directeur et un point. On en déduit une équation de la droite de régression :

$$y = 0{,}984x + 19{,}685.$$

Pour $x = 71{,}7$, on obtient $y \approx 90{,}3$. La proposition **d.** est donc vraie.

• Les caractères X et Y ne sont pas linéairement indépendants puisque $\rho(X, Y)$ n'est pas nul.

11. ❑ **a.** ☒ **b.** ❑ **c.** ☒ **d.** ❑ **e.**

Rentrez les couples de mesures dans votre calculatrice en mode « deux variables ».

Vous avez alors $\rho(X, Y) \approx 0{,}66$. La proposition **a.** est donc fausse.

Pour la covariance, le plus rapide est d'utiliser (avec votre calculatrice) :

$$\text{Cov}(X, Y) = \rho(X, Y) \times \sigma(X) \times \sigma(Y) = 2{,}1.$$

Les réponses **c.** et **e.** sont donc fausses.

[REMARQUE]

La réponse **e.** peut être immédiatement éliminée puisque la taille et la masse varient dans le même sens, ce qui entraîne que la covariance est positive.

[Probabilités]

FICHE COURS 14

Dénombrement

[ATTENTION]

Dénombrer, c'est compter le nombre d'occurences de certaines situations. Attention à bien définir ce qu'est une situation étudiée, en évitant deux erreurs courantes : oublier des cas, compter plusieurs fois le même cas.

1. Situations sans répétition

a. Avec ordre

Dans un ensemble à n éléments, il s'agit de choisir p éléments tous distincts (ce qui nécessite $p \leq n$) et avec ordre. Une telle situation est un **arrangement** de n éléments pris p à p. Le nombre d'arrangements (qu'on peut noter A_n^p) est égal à :

$$n(n-1)\dots(n-p+1) = \frac{n!}{(n-p)!}.$$

Dans le cas particulier où $p = n$, on dit qu'il s'agit d'une **permutation** d'un ensemble à n éléments ; il y en a $n!$.

b. Sans ordre

Dans un ensemble à n éléments, il s'agit de choisir une partie à p éléments (ce qui nécessite $p \leq n$). Le nombre de parties est le nombre de **combinaisons** de n éléments pris p à p. Ce nombre appelé **coefficient binomial** est égal à :

$$\binom{n}{p} = \frac{n!}{p!(n-p)!}.$$

L'ancienne notation est C_n^p.

Propriétés

$$\binom{n}{p} = \binom{n}{n-p} \; ; \; \binom{n+1}{p+1} = \binom{n}{p} + \binom{n}{p+1}$$ **(formule de Pascal)**.

Cas particuliers

$$\binom{n}{0}=\binom{n}{n}=1 \quad ; \quad \binom{n}{1}=\binom{n}{n-1}=n.$$

2. Situations avec répétition

a. Avec ordre (arrangements avec répétition)

Dans un ensemble à n éléments, il s'agit de choisir p éléments rangés (avec la possibilité de choisir plusieurs fois le même). Il y a n^p possibilités.

b. Sans ordre (combinaisons avec répétition)

Dans un ensemble à n éléments, il s'agit de choisir p éléments sans ordre (avec la possibilité de choisir plusieurs fois le même).

$\binom{n+p-1}{p}$ est le nombre de combinaisons avec répétition.

Il est aussi noté : K_n^p.

c. Permutations avec répétition

Soit un ensemble à n éléments comportant :

- n_1 éléments d'un premier type, indiscernables entre eux ;
- n_2 éléments d'un deuxième type, indiscernables entre eux ;
- n_q éléments d'un q-ième type, indiscernables entre eux.

Une permutation avec répétition de ces n éléments est une disposition ordonnée de ces éléments. Il y en a $\dfrac{n!}{n_1!n_2!\ldots n_q!}$.

FICHE MÉTHODE 15

Savoir dénombrer

1. Indications générales

a. Questions à se poser

Pour dénombrer des situations, il est commode de se poser les questions :

- Quel est le nombre n d'objets de référence ?
- Quel est le nombre p d'objets concernés par une situation ?
- Les p objets sont-ils considérés sans ordre (en vrac ; tirage simultané) ou avec ordre (c'est-à-dire que la situation est différente si les mêmes p objets sont classés de façon différente) ?
- Les répétitions sont-elles impossibles (les p objets sont tous distincts; tirage sans remise) ou possibles (tirage avec remise) ?

b. Opérations à effectuer

Quand une situation comporte plusieurs choix, on effectue :

- un produit quand on doit faire un choix, *puis* un autre... ;
- une somme quand on considère un cas *ou bien* un autre...

[IMPORTANT]

Ne cherchez pas à toujours placer une formule toute faite. N'hésitez pas, par exemple, à utiliser un arbre, mais uniquement quand l'ordre compte car un arbre de choix comporte un ordre dans sa structure.

2. Tableau récapitulatif des formules de dénombrement

(voir fiche 14)

	sans répétition	**avec répétition**
avec ordre	A_n^p	n^p
sans ordre	$\binom{n}{p}$	$\binom{n+p-1}{p}$

Langage des événements

FICHE COURS 16

1. Généralités

a. Expérience aléatoire

Une **expérience aléatoire** ε est une expérience qui, répétée dans des conditions apparemment identiques, peut conduire à des résultats différents. L'ensemble de tous les résultats possibles est l'univers Ω associé à ε.
On dit qu'un **événement** est lié à ε si, quel que soit le résultat $\omega \in \Omega$, on sait dire si l'événement est réalisé ou non. On convient d'identifier un tel événement à l'ensemble des $\omega \in \Omega$ pour lesquels il est réalisé.
Un événement lié à ε est donc identifié à une partie de Ω.

b. Événements particuliers

Un singleton $\{\omega\}$ est un **événement élémentaire**.
Ω est l'**événement certain** car il est toujours réalisé.
$\varnothing$ est l'**événement impossible** car il n'est jamais réalisé.

2. Opérations sur les événements

a. Événement contraire $\overline{A}$

$\overline{A}$ est réalisé si, et seulement si, A n'est pas réalisé.

b. Événement $A \cap B$ (intersection)

$A \cap B$ est réalisé si, et seulement si, A et B sont simultanément réalisés.
Plus généralement, $A_1 \cap \ldots \cap A_n$ est réalisé si, et seulement si, tous les événements A_i sont réalisés.

c. Événements incompatibles

Si $A \cap B = \varnothing$, c'est-à-dire si la réalisation simultanée des événements A et B est impossible, les **événements** A et B sont **incompatibles** ou disjoints.

Exemple

A et $\overline{A}$ sont incompatibles.

d. Événement $A \cup B$ (réunion)

$A \cup B$ est réalisé si, et seulement si, l'un au moins des événements A ou B est réalisé.

Plus généralement, $A_1 \cup \ldots \cup A_n$ est réalisé si, et seulement si, au moins un des événements A_i est réalisé.

e. Système complet d'événements

Définition

Des événements $A_1,\ldots,A_n$ de Ω forment un **système complet d'événements** s'ils sont deux à deux incompatibles et si $A_1 \cup \ldots A_n = \Omega$.

[IMPORTANT]

C'est comme si on faisait une liste de cas, tous existants, qui ne se recoupent pas, en n'ayant oublié aucune possibilité.

Exemple

On considère deux maladies M_1 et M_2 dans une population.

On aura un système complet en introduisant les trois événements :

M_1 : un individu pris au hasard a la maladie M_1 ;

M_2 : un individu pris au hasard a la maladie M_2 ;

N : un individu pris au hasard n'a ni la maladie M_1 ni la maladie M_2 ;

et en supposant qu'il n'existe pas d'individus ayant les deux maladies.

Probabilités

FICHE COURS 17

1. Cas général

a. Définition

Une **probabilité** $\mathbb{P}$ sur un univers Ω fait correspondre à tout événement A un nombre positif $\mathbb{P}(A)$ en vérifiant les axiomes suivants :
($\mathbf{A_1}$) $\mathbb{P}(\Omega) = 1$;
($\mathbf{A_2}$) pour toute réunion d'événements, deux à deux incompatibles, on a :
$\mathbb{P}\left(\bigcup_i A_i\right) = \sum_i \mathbb{P}(A_i)$.

b. Propriétés

$$\mathbb{P}(\overline{A}) = 1 - \mathbb{P}(A) \ ; \ 0 \leqslant \mathbb{P}(A) \leqslant 1 \ ; \ \mathbb{P}(\emptyset) = 0.$$

A et B étant deux événements quelconques, on a :

$$\mathbb{P}(A \cup B) = \mathbb{P}(A) + \mathbb{P}(B) - \mathbb{P}(A \cap B).$$

Si (A_i) est un système complet d'événements, on a :

$$\sum_i \mathbb{P}(A_i) = 1.$$

2. Construction d'une probabilité sur un univers fini

a. Cas général

Soit $\Omega = \{\omega_1, \ldots, \omega_n\}$ un univers fini. Notons A_i l'événement élémentaire $A_i = \{\omega_i\}$.

Théorème
Toute probabilité $\mathbb{P}$ sur Ω est entièrement déterminée par la donnée des n nombres réels $p_i = \mathbb{P}(A_i)$ vérifiant les seules conditions :

$$\forall i \in \{1, \ldots, n\} \quad p_i \geqslant 0 \quad \text{et} \quad \sum_{i=1}^{n} p_i = 1.$$

Probabilité d'un événement quelconque

Quand on connaît les probabilités des événements élémentaires, pour obtenir la probabilité de A, on additionne les p_i correspondant aux éléments qui constituent A.

Exemple

$\mathbb{P}(\{\omega_1, \omega_2, \omega_3\}) = p_1 + p_2 + p_3.$

b. Probabilité uniforme sur un univers fini

Dans toutes les situations où aucun événement élémentaire ne doit être distingué des autres, on suppose que tous les événements élémentaires sont équiprobables.

Sur un univers fini Ω, l'**hypothèse d'équiprobabilité** définit la probabilité uniforme donnée par :

$$\mathbb{P}(A) = \frac{\operatorname{card} A}{\operatorname{card} \Omega}.$$

$\operatorname{card} A$ est souvent appelé « nombre de cas favorables » et $\operatorname{card} \Omega$ « nombre de cas possibles ».

Dans ce cas, le calcul de $\mathbb{P}(A)$ se ramène à des problèmes de dénombrement (voir Fiches 14 et 15).

c. Détermination empirique

En sciences expérimentales, la probabilité $\mathbb{P}(A)$ est souvent estimée par la fréquence observée de l'événement A sur un échantillon de taille n définie par n_A/n. Pour la notion d'échantillon, voir fiche 27.

[ATTENTION]

Il faut veiller à ce que cette démarche ait un sens :

- la population considérée est-elle homogène ? (une même tranche d'âge pour la demande de vaccination contre la grippe) ;
- l'événement A est-il clairement défini ? (être malade n'est pas assez clair, avoir une température qui dépasse un seuil fixé est précis) ;
- l'échantillon observé est-il représentatif ? (dans un sondage sur des intentions de vote, il faut reproduire dans l'échantillon toutes les conditions qui peuvent influer : âge, profession, sexe, pratique religieuse...) ;
- l'échantillon observé est-il prélevé de façon aléatoire ? (ne pas faire une étude sur les malades d'un unique service, mais sur un échantillon aléatoire de malades dans plusieurs services) et dans plusieurs hopitaux.

Probabilités conditionnelles

FICHE COURS 18

1. Probabilité conditionnelle

a. Définition

Soit $\mathbb{P}$ une probabilité définie sur un univers Ω et A un événement donné tel que $\mathbb{P}(A) \neq 0$.

Pour un événement quelconque B, on appelle **probabilité conditionnelle** de B sachant A (c'est-à-dire sachant que A est réalisé) le nombre :

$$\mathbb{P}(B|A) = \frac{\mathbb{P}(A \cap B)}{\mathbb{P}(A)} \quad \text{(autre notation } \mathbb{P}_A(B)\text{).}$$

b. Utilisation

Il est courant de connaître directement $\mathbb{P}(B|A)$. On utilise alors la relation sous la forme appelée **formule des probabilités composées** :

$$\mathbb{P}(A \cap B) = \mathbb{P}(A) \times \mathbb{P}(B|A).$$

c. Généralisation

La formule des probabilités composées se généralise au cas de n événements ($n \geq 2$).

Exemple

Pour trois événements A, B, C tels que $\mathbb{P}(A) \neq 0$ et $\mathbb{P}(A \cap B) \neq 0$, on peut écrire :

$$\mathbb{P}(A \cap B \cap C) = \mathbb{P}(A) \times \mathbb{P}(B|A) \times \mathbb{P}(C|A \cap B).$$

[ATTENTION]

On a bien :
$\mathbb{P}(B|A) + \mathbb{P}(\overline{B}|A) = 1$ (même conditionnement)
mais n'inventez pas de théorème du type :
$\mathbb{P}(B|A) + \mathbb{P}(B|\overline{A}) = ???$ (conditionnement différent).

2. Indépendance

a. Événements indépendants

Soit $\mathbb{P}$ une probabilité définie sur un univers Ω. Deux **événements** A et B sont dits **indépendants** si, et seulement si :

$$\mathbb{P}(A \cap B) = \mathbb{P}(A) \times \mathbb{P}(B).$$

[ATTENTION]

Ne confondez pas événements indépendants (la réalisation de l'un ne modifie pas la probabilité de l'autre) et événements incompatibles (la réalisation de l'un empêche la réalisation de l'autre, voir Fiche 16).

b. Expériences indépendantes

Des **expériences aléatoires** sont dites **indépendantes** si le résultat de l'une n'influence pas le résultat de l'autre.

Lors de la réalisation d'expériences aléatoires successives $\varepsilon_1, \dots, \varepsilon_n$, un événement du type « réaliser l'événement A_1 lors de ε_1 et A_2 lors de ε_2 ... et A_n lors de ε_n » peut s'écrire $A_1 A_2 \dots A_n$ ou $A_1 \times A_2 \times \cdots \times A_n$.

Si on a défini les probabilités $\mathbb{P}(A_1)$, $\mathbb{P}(A_2)$, ... ,$\mathbb{P}(A_n)$, et si les expériences $\varepsilon_1, \dots, \varepsilon_n$ sont indépendantes, alors la probabilité de $A_1 A_2 \dots A_n$ est égale à :

$$\mathbb{P}(A_1 A_2 \dots A_n) = \mathbb{P}(A_1) \times \cdots \times \mathbb{P}(A_n).$$

c. Loi des grands nombres

Supposons que n expériences aléatoires successives et indépendantes soient décrites par le même univers et la même probabilité.

On démontre alors que la fréquence d'apparition d'un événement A « tend » vers sa probabilité lorsque n tend vers l'infini (la formulation mathématique précise n'est pas très facile).

[IMPORTANT]

Pour une population de grande taille, un expérimentaliste assimile souvent probabilité et fréquence.

3. Formule de Bayes

a. Formule des probabilités totales généralisée

Soit $B_1, \ldots, B_n$ un système complet d'événements. Pour tout événement A, on a :

$$\begin{aligned}\mathbb{P}(A) &= \mathbb{P}(B_1)\times\mathbb{P}(A|B_1)+\cdots+\mathbb{P}(B_n)\times\mathbb{P}(A|B_n)\\ &= \sum_{i=1}^{n}\mathbb{P}(B_i)\times\mathbb{P}(A|B_i).\end{aligned}$$

b. Formule de Bayes

Cas général

$B_1,\ldots,B_n$ étant un système complet d'événements et A un événement tel que $\mathbb{P}(A)\neq 0$, on a :

$$\forall j\in\{1,\ldots,n\}\qquad \mathbb{P}(B_j|A)=\frac{\mathbb{P}(B_j\cap A)}{\mathbb{P}(A)}=\frac{\mathbb{P}(B_j)\times\mathbb{P}(A|B_j)}{\sum_{i=1}^{n}\mathbb{P}(B_i)\times\mathbb{P}(A|B_i)}.$$

Cas particulier le plus utilisé

Comme $B, \overline{B}$ forment un système complet d'événements, on obtient :

$$\mathbb{P}(B|A)=\frac{\mathbb{P}(B)\times\mathbb{P}(A|B)}{\mathbb{P}(B)\times\mathbb{P}(A|B)+\mathbb{P}(\overline{B})\times\mathbb{P}(A|\overline{B})}$$

$$\mathbb{P}(\overline{B}|A)=\frac{\mathbb{P}(\overline{B})\times\mathbb{P}(A|\overline{B})}{\mathbb{P}(B)\times\mathbb{P}(A|B)+\mathbb{P}(\overline{B})\times\mathbb{P}(A|\overline{B})}.$$

- L'usage de **la formule de Bayes** peut être facilité par des représentations graphiques comme un arbre ou un tableau d'effectifs après avoir assimilé probabilités et fréquences grâce à **la loi des grands nombres**.

FICHE COURS 19

Variables aléatoires discrètes (cas fini)

1. Premières définitions

a. Premières notions

Une **variable aléatoire** X associe à chaque possibilité ω de l'univers Ω un réel $X(\omega)$.

Exemple : dans un ensemble de personnes, à chaque individu on peut associer son âge (ou sa taille).

L'**univers image** $X(\Omega)$ est l'ensemble des réels obtenus.

On note $X = a$ la partie de Ω dont les éléments sont associés au réel a.

Dans l'exemple précédent, $X = 50$ désigne l'ensemble des individus de 50 ans.

Une probabilité $\mathbb{P}$ étant choisie, on peut alors définir : $\mathbb{P}(X = a)$, $\mathbb{P}(X \leqslant a)$, $\mathbb{P}(a \leqslant X \leqslant b), \ldots$

b. Distribution de probabilité

Soit X une variable aléatoire dont l'univers image est fini : $\{x_1,...,x_n\}$.

On définit une **distribution de probabilité** (ou **loi de probabilité**) par la connaissance des nombres $p_i = \mathbb{P}(X = x_i)$.

[IMPORTANT]

Il est toujours utile de vérifier que l'on a bien : $p_1 + \cdots + p_n = 1$.

2. Variables aléatoires indépendantes

a. Couple de variables aléatoires

Soient X et Y deux variables aléatoires définies à partir du même univers Ω et de la même loi de probabilité. Les univers images sont respectivement :

$$X(\Omega) = \{x_1, \ldots, x_q\} \quad \text{et} \quad Y(\Omega) = \{y_1, \ldots, y_r\}.$$

La loi du couple (X,Y) est définie par la donnée des nombres :

$$p_{ij} = \mathbb{P}(X = x_i \text{ et } Y = y_j) \quad \text{où} \quad 1 \leqslant i \leqslant q \quad \text{et} \quad 1 \leqslant j \leqslant r.$$

Il est commode de reporter ces nombres dans un tableau à double entrée.

b. Lois marginales

Si on a reporté les nombres p_{ij} dans un tableau à double entrée, en additionnant suivant les lignes et suivant les colonnes, on aboutit aux **lois marginales** de X et de Y définies par :

$$\mathbb{P}(X = x_i) = p_{i\bullet} = \sum_{j=1}^{r} p_{ij} \text{ (somme de la } i\text{-ième ligne)}$$

$$\mathbb{P}(Y = y_j) = p_{\bullet j} = \sum_{i=1}^{q} p_{ij} \text{ (somme de la } j\text{-ième colonne).}$$

c. Indépendance de deux variables aléatoires

Les variables aléatoires X et Y sont dites **indépendantes** si, et seulement si, les événements $(X = x_i)$ et $(Y = y_j)$ sont indépendants pour i et j quelconques, c'est-à-dire :

$$\forall i \ \forall j \quad p_{ij} = p_{i\bullet} \times p_{\bullet j}.$$

3. Opérations algébriques sur les variables aléatoires

a. Addition ou produit par un nombre réel

Soit X une variable aléatoire, a et λ des réels.
Les variables aléatoires $X + a$ et λX prennent les valeurs respectives $\{x_1 + a, ..., x_q + a\}$ et $\{\lambda x_1, ..., \lambda x_q\}$ avec les probabilités :

$$\mathbb{P}(X + a = x_i + a) = \mathbb{P}(X = x_i) = \mathbb{P}(\lambda X = \lambda x_i).$$

b. Somme de variables aléatoires

Soit X et Y deux variables aléatoires définies à partir du même univers Ω et de la même loi de probabilité. La somme $X + Y$ est la variable aléatoire qui prend pour valeurs les réels z_k du type $z_k = x_i + y_j$.
Et on a $\mathbb{P}(Z = z_k) = \sum p_{ij}$, la somme étant étendue à tous les couples (i, j) tels que $z_k = x_i + y_j$, c'est-à-dire qu'on regroupe tous les cas qui donnent la même somme.

c. Produit de variables aléatoires

Le produit XY est la variable aléatoire qui prend pour valeurs les réels t_k du type $t_k = x_i \, y_j$.

Et on a $\mathbb{P}(T = t_k) = \sum p_{ij}$, la somme étant étendue à tous les couples (i, j) tels que $t_k = x_i\, y_j$, c'est-à-dire qu'on regroupe tous les cas qui donnent le même produit.

4. Paramètres d'une variable aléatoire

a. Espérance mathématique, variance, écart type

Soit X une variable aléatoire discrète fini, dont la loi de probabilité est $(x_1, p_1),...,(x_n, p_n)$ où $p_i = \mathbb{P}(X = x_i)$.

- L'**espérance mathématique** de X est le réel :

$$E(X) = \sum_{i=1}^{n} p_i x_i = p_1 x_1 + \cdots + p_n x_n.$$

- La **variance** de X est le réel :

$$\mathrm{Var}(X) = \sum_{i=1}^{n} p_i \left[x_i - E(X)\right]^2.$$

- L'**écart type** de X est le réel : $\sigma(X) = \sqrt{\mathrm{Var}(X)}$.
- **Théorème de Koenig**

$$\mathrm{Var}(X) = E(X^2) - [E(X)]^2 = \left(\sum_{i=1}^{n} p_i\ x_i^2\right) - \left(\sum_{i=1}^{n} p_i\ x_i\right)^2.$$

b. Covariance, corrélation

Comme en statistique, on définit :

- la **covariance** de deux variables aléatoires X et Y :

$$\mathrm{Cov}(X,Y) = E[(X - E(X))(Y - E(Y))] = E(XY) - E(X)E(Y).$$

- le **coefficient de corrélation** linéaire de X et de Y :

$$\rho(X,Y) = \frac{\mathrm{Cov}(X,Y)}{\sigma(X)\sigma(Y)}.$$

c. Théorèmes

- Dans le cas général, on a (avec a et λ deux nombres réels) :

$E(X + a) = E(X) + a$; $\mathrm{Var}(X + a) = \mathrm{Var}(X)$;
$E(\lambda X) = \lambda E(X)$; $\mathrm{Var}(\lambda X) = \lambda^2 \mathrm{Var}(X)$;

$E(X+Y)=E(X)+E(Y)$;
$\text{Var}(X+Y)=\text{Var}(X)+\text{Var}(Y)+2\text{Cov}(X,Y)$.

- Dans le cas où les **variables** X et Y sont **indépendantes**, on a :

$\text{Cov}(X,Y)=0$;
$\text{Var}(X+Y)=\text{Var}(X)+\text{Var}(Y)$;
$E(XY)=E(X)\times E(Y)$.

[IMPORTANT]

Mais il peut arriver que ces relations soient vérifiées sans que *X* et *Y* soient indépendantes.

d. Variable centrée réduite

Soit X une variable aléatoire telle que $E(X)=\mu$ et $\text{Var}(X)=\sigma^2$ avec $\sigma \neq 0$.
On appelle **variable centrée réduite** associée à X la variable aléatoire $Z=\dfrac{X-\mu}{\sigma}$.
Z vérifie alors : $E(Z)=0$ et $\text{Var}(Z)=1$.

FICHE COURS 20

Lois discrètes usuelles (cas fini)

1. Loi discrète uniforme

a. Situation modélisée

On tire un nombre au hasard parmi les entiers de 1 à n. Ils sont tous équiprobables et on note X le nombre obtenu.

b. Loi de probabilité

$$\forall k \in \{1,...,n\} \qquad \mathbb{P}(X=k)=\frac{1}{n}\cdot$$

c. Espérance mathématique et variance

$$E(X)=\frac{n+1}{2} \ ; \ \mathrm{Var}(X)=\frac{n^2-1}{12}\cdot$$

2. Loi de Bernoulli

a. Situation modélisée

On considère une expérience ayant deux issues possibles : A avec une probabilité p avec $p \in]0;1[$, $\overline{A}$ avec une probabilité $1-p$. La variable aléatoire qui vaut 1 si A est réalisée et 0 si A n'est pas réalisée, suit la loi de Bernoulli $\mathcal{B}(p)$.

b. Loi de probabilité

X suit la loi de Bernoulli de paramètre $p \in]0;1[$, notée $\mathcal{B}(p)$ ou $\mathcal{B}(1\ ;p)$, si $X(\Omega)=\{0;1\}$ et si :

$$\mathbb{P}(X=1)=p \ ; \ \mathbb{P}(X=0)=1-p=q.$$

c. Espérance mathématique et variance

$$E(X)=p \ ; \ \mathrm{Var}(X)=p(1-p)=pq.$$

3. Loi binomiale

a. Situation modélisée

On obtient une loi binomiale quand :

- on répète n fois la même expérience aléatoire, les n répétitions étant indépendantes entre elles ;
- on s'intéresse seulement à la réalisation ou non d'un événement fixé A de probabilité p, et on pose $q = 1 - p$;
- on considère la variable aléatoire X égale au nombre de fois où A a été réalisé.

En langage imagé, on dispose d'une urne constituée de boules présentant un type A dans la proportion p. On effectue n tirages *avec* **remise** et on compte le nombre de boules de type A obtenues.

b. Loi de probabilité

X suit la loi binomiale de paramètres $n \in \mathbb{N}^*$ et $p \in]0; 1[$, notée $\mathcal{B}(n; p)$, si $X(\Omega) = \{0; ...; n\}$ et si :

$$\forall k \in \{0; ...; n\} \quad \mathbb{P}(X = k) = \binom{n}{k} p^k q^{n-k}.$$

c. Espérance mathématique et variance

$$E(X) = np \ ; \ \mathrm{Var}(X) = np(1-p) = npq.$$

d. Somme

Si X suit la loi $\mathcal{B}(n_1; p)$ et Y la loi $\mathcal{B}(n_2; p)$, et si X et Y sont indépendantes, alors $X + Y$ suit la loi $\mathcal{B}(n_1 + n_2; p)$.

[IMPORTANT]

Dans cette somme de deux lois binomiales, il faut que le paramètre p soit le même.

FICHE COURS 21

Variables aléatoires discrètes (cas infini)

1. Généralités

a. Convergence d'une série numérique

Soit (u_k) une suite de nombres. On dit que la **série** de terme général u_k **est convergente**, si la suite (S_n) de terme général :

$$S_n = \sum_{k=0}^{n} u_k = u_0 + u_1 + \cdots + u_n$$

tend vers une limite finie S quand n tend vers l'infini. On note S la somme de la série :

$$S = \sum_{k=0}^{+\infty} u_k = \lim_{n \to +\infty} \left(\sum_{k=0}^{n} u_k \right) = \lim_{n \to +\infty} S_n.$$

b. Variables aléatoires discrètes (cas infini)

- Une variable aléatoire X est dite **discrète infinie** lorsque l'ensemble des valeurs prises par X est assimilable à l'ensemble des entiers naturels $\mathbb{N}$ (ou $\mathbb{N}^*$ si on enlève 0).

Dans ce cas, la distribution de probabilité (ou loi de probabilité) de X correspond à la connaissance des nombres $p_k = \mathbb{P}(X = k)$, ces nombres étant soumis aux conditions :

$$\forall k \in \mathbb{N} \quad p_k \geqslant 0 \quad \text{et} \quad \sum_{k=0}^{+\infty} p_k = 1.$$

- Les définitions de l'espérance mathématique, de la variance et de l'écart type sont analogues au cas fini en remplaçant les sommes par des séries (« sommes infinies »).
- Les opérations algébriques sur les variables aléatoires et leurs propriétés sont aussi analogues au cas fini.

2. Loi géométrique

a. Situation modélisée

Dans les mêmes hypothèses qui conduisent à la loi binomiale et en notant encore $p = \mathbb{P}(A) \in]0; 1[$, on obtient la loi géométrique quand la variable aléatoire X désigne le temps d'attente de l'événement A, c'est-à-dire le rang de la première réalisation de A. On écrit que X suit la loi $\mathcal{G}(p)$.

b. Loi de probabilité

$X(\Omega) = \mathbb{N}^*$ et si :

$$\forall k \in \mathbb{N}^* \qquad \mathbb{P}(X = k) = p\,q^{k-1}.$$

c. Espérance mathématique et variance

$$E(X) = \frac{1}{p} \quad ; \quad \text{Var}(X) = \frac{q}{p^2}.$$

3. Loi de Poisson

a. Situation modélisée

La loi de Poisson est utilisée pour modéliser le nombre d'apparitions d'un événement rare ; voir ci-dessous « Approximation d'une loi binomiale par une loi de Poisson ».

b. Loi de probabilité

X suit la loi de Poisson de paramètre λ (avec $\lambda > 0$), notée $\mathcal{P}(\lambda)$, si $X(\Omega) = \mathbb{N}$ et si :

$$\forall k \in \mathbb{N} \quad \mathbb{P}(X = k) = \mathrm{e}^{-\lambda}\,\frac{\lambda^k}{k!}.$$

c. Espérance mathématique et variance

$$E(X) = \lambda \quad ; \quad \text{Var}(X) = \lambda.$$

d. Somme

Si X suit la loi $\mathcal{P}(\lambda_1)$ et Y la loi $\mathcal{P}(\lambda_2)$, et si X et Y sont indépendantes, alors $X + Y$ suit la loi $\mathcal{P}(\lambda_1 + \lambda_2)$.

e. Approximation d'une loi binomiale par une loi de Poisson

Si n est grand et p assez petit, on peut remplacer la loi binomiale $\mathcal{B}(n; p)$ par la loi de Poisson de paramètre $\lambda = np$.

Dans la pratique, on admet souvent que cette approximation est satisfaisante lorsque $n \geqslant 30$ et $p \leqslant 0,1$ avec $np \leqslant 10$.

Mais il ne s'agit que d'une convention, qui peut donc varier selon les ouvrages, les logiciels et la situation.

FICHE COURS

22

Variables aléatoires continues

1. Notions sur les intégrales généralisées

- Soit f une fonction définie sur $[a; +\infty[$ et intégrable sur tout segment $[a; x]$. On dit que l'**intégrale** $\int_a^{+\infty} f(t)\,\mathrm{d}t$ **converge**, ou existe, si la fonction :

$$x \mapsto \int_a^x f(t)\,\mathrm{d}t$$

possède une limite finie lorsque x tend vers $+\infty$. On note alors :

$$\lim_{x \to +\infty} \int_a^x f(t)\,\mathrm{d}t = \int_a^{+\infty} f(t)\,\mathrm{d}t.$$

- On définit de manière analogue : $\int_{-\infty}^a f(t)\,\mathrm{d}t = \lim_{x \to -\infty} \int_x^a f(t)\,\mathrm{d}t$ puis, avec a quelconque :

$$\int_{-\infty}^{+\infty} f(t)\,\mathrm{d}t = \int_{-\infty}^a f(t)\,\mathrm{d}t + \int_a^{+\infty} f(t)\,\mathrm{d}t.$$

2. Généralités sur les variables aléatoires continues

a. Approche

Si $X(\Omega)$ est infini du type $\mathbb{R}$, on définit la distribution de probabilité de X, en connaissant la probabilité des intervalles, c'est-à-dire des événements :

$$X \leqslant a\ ;\ a \leqslant X \leqslant b.$$

b. Définition

Soit X une variable aléatoire et F_X sa **fonction de répartition**, c'est-à-dire $F_X(x) = \mathbb{P}(X \leq x)$. On dit que X est une **variable continue** s'il existe une fonction f_X de $\mathbb{R}$ dans $\mathbb{R}$, dite **densité de probabilité** de X, telle que :

(1) $\forall t \in \mathbb{R} \quad f_X(t) \geqslant 0$
(2) f_X est continue sur $\mathbb{R}$ sauf peut-être en un nombre fini de points où elle admet une limite à gauche et une limite à droite finies ;
(3) $\int_{-\infty}^{+\infty} f_X(t)\,\mathrm{d}t$ existe et vaut 1 ;
(4) F_X est liée à f_X par : $F_X(x) = \int_{-\infty}^{x} f_X(t)\,\mathrm{d}t$ pour tout x.

c. Propriété

Si $a < b$, on a :

$$\mathbb{P}(a \leqslant X \leqslant b) = F_X(b) - F_X(a) = \int_a^b f_X(t)\,\mathrm{d}t.$$

On en déduit que $P(X = a) = 0$ pour tout réel a.

d. Espérance mathématique, variance, écart type

Soit X une variable aléatoire continue et f_X une densité de X. À condition que les intégrales existent, on définit :

- l'**espérance mathématique** de X par :

$$E(X) = \int_{-\infty}^{+\infty} t f_X(t)\,\mathrm{d}t$$

- la **variance** de X par :

$$\begin{aligned}\mathrm{Var}(X) = E[X - E(X)]^2 &= \int_{-\infty}^{+\infty} (t - E(X))^2 f_X(t)\,\mathrm{d}t \\ &= E(X^2) - [E(X)]^2 = \left(\int_{-\infty}^{+\infty} t^2 f_X(t)\,\mathrm{d}t\right) - [E(X)]^2\end{aligned}$$

- l'**écart type** de X par : $\sigma(X) = \sqrt{\mathrm{Var}(X)}$.

L'indépendance de deux variables aléatoires se définit là encore à partir de la loi du couple.

FICHE COURS 23

Lois continues usuelles

1. Loi uniforme

a. Densité

X suit la loi uniforme sur le segment $[a; b]$ avec $a < b$, notée $\mathcal{U}([a; b])$, si elle admet pour densité de probabilité la fonction f_X définie par :

$$\begin{cases} f_X(t) = \dfrac{1}{b-a} & \text{si } t \in [a; b] \\ f_X(t) = 0 & \text{si } t \notin [a; b]. \end{cases}$$

b. Espérance et variance

$$E(X) = \frac{a+b}{2} \ ; \ \text{Var}(X) = \frac{(b-a)^2}{12}.$$

[IMPORTANT]

En statistique descriptive, quand les données sont groupées en classes, le réflexe qui consiste à remplacer chaque intervalle par son milieu est fondé sur l'hypothèse de répartition uniforme. Comme $E(X)$ est le milieu de l'intervalle, la moyenne est inchangée. Mais la variance est modifiée. On peut alors utiliser la correction de Sheppard (retrancher $\frac{h^2}{12}$ où h est l'amplitude des classes) fondée sur le calcul de $\text{Var}(X)$.

2. Loi exponentielle

a. Densité

X suit la loi exponentielle de paramètre $\lambda > 0$, notée $\varepsilon(\lambda)$, si elle admet pour densité de probabilité la fonction f_X définie par :

$$\begin{cases} f_X(t) = \lambda \mathrm{e}^{-\lambda t} & \text{si } t \geqslant 0 \\ f_X(t) = 0 & \text{si } t < 0. \end{cases}$$

b. Espérance et variance

$$E(X)=\frac{1}{\lambda} \quad ; \quad \text{Var}(X)=\frac{1}{\lambda^2}.$$

c. Caractérisation de la loi exponentielle

$$\begin{cases} \forall a \in \mathbb{R}_+ \quad \mathbb{P}(X>a)\neq 0 \\ \forall (a,b)\in (\mathbb{R}_+)^2 \quad \mathbb{P}(X>a+b \mid X>a)=\mathbb{P}(X>b) \end{cases}$$

c'est-à-dire, quelle que soit la date a à laquelle on se place, la probabilité d'une durée b à venir est toujours la même.
On dit que la loi exponentielle caractérise un processus sans mémoire.

3. Loi normale, ou loi de Gauss, ou loi de Laplace-Gauss

a. Densité

X suit la loi de Gauss de paramètres μ et $\sigma > 0$, notée $\mathcal{N}(\mu; \sigma)$, si elle admet pour densité de probabilité la fonction f_X définie par :

$$\forall t \in \mathbb{R} \qquad f_X(t)=\frac{1}{\sigma\sqrt{2\pi}}\exp\left(-\frac{(t-\mu)^2}{2\sigma^2}\right).$$

[IMPORTANT]

Les notations normalisées utilisent des lettres grecques pour les valeurs théoriques et des lettres latines pour les valeurs observées.
C'est pourquoi il est préférable de mettre ici μ et non *m*.
D'autre part, μ et σ s'expriment dans la même unité. C'est pourquoi il est préférable de noter $\mathcal{N}(\mu; \sigma)$ plutôt que $\mathcal{N}(\mu; \sigma^2)$.
Mais vous saurez bien sûr vous adapter!

b. Espérance mathématique et variance

$$E(X)=\mu \quad ; \quad \text{Var}(X)=\sigma^2.$$

c. Loi normale centrée réduite

La variable centrée réduite $Z=\dfrac{X-\mu}{\sigma}$ suit la loi $\mathcal{N}(0\ ;\ 1)$.

Tout problème relatif à X se ramène à Z et on dispose de plusieurs tables concernant Z.

[IMPORTANT]

L'expression de la densité d'une loi normale quelconque ne sert qu'à démontrer des théorèmes admis dans votre cours.
Vos réflexes à avoir : se ramener à la loi centrée réduite, traduire la question par un graphique, utiliser les tables pour répondre.
Pour plus de détails, consultez la fiche méthode qui suit.

d. Somme

Si X suit la loi $\mathcal{N}(\mu_1 \,;\, \sigma_1)$ et Y la loi $\mathcal{N}(\mu_2 \,;\, \sigma_2)$ et si X et Y sont indépendantes, alors $X + Y$ suit $\mathcal{N}\left(\mu_1 + \mu_2 \,;\, \sqrt{\sigma_1^2 + \sigma_2^2}\right)$.

e. Approximation d'une loi binomiale par une loi normale

Théorème

Soit X une variable aléatoire qui suit la loi binomiale $\mathcal{B}(n; p)$. Pour n assez grand et p pas trop voisin de 0 et de 1, X suit à peu près la loi normale $\mathcal{N}(np \,;\, \sqrt{npq})$ de même espérance mathématique et de même écart type.
En pratique on utilise souvent cette approximation lorsque $n \geqslant 30$, $np \geqslant 5$ et $nq \geqslant 5$. Mais d'autres conventions existent.

Correction de continuité

Si k_1 et k_2 sont deux entiers compris entre 0 et n, les intervalles ouverts $]k_1; k_2[$ et fermés $[k_1; k_2]$ n'ont pas la même probabilité pour la loi binomiale, alors qu'ils ont la même probabilité pour la loi normale. Cela est dû au fait qu'on **approche une loi discrète par une loi continue**.
On peut corriger cette différence :
en remplaçant $[k_1; k_2]$ par $[k_1 + 0,5; k_2 - 0,5]$
et en remplaçant $[k_1; k_2]$ par $[k_1 - 0,5; k_2 + 0,5]$.

Utiliser la loi normale

Quatre exemples vont être résolus par étapes.

1. Premier réflexe

Tout problème concernant une variable aléatoire X qui suit une loi normale $\mathcal{N}(\mu;\sigma)$ où $\sigma > 0$ se ramène à une variable aléatoire Z qui suit la loi normale centrée réduite $\mathcal{N}(0;1)$ avec $Z = \dfrac{X-\mu}{\sigma}(\sigma \neq 0)$.

Exemples

1. Si X suit la loi $\mathcal{N}(4;2)$, déterminez $\mathbb{P}(X \leqslant 6)$.

$$\mathbb{P}(X \leqslant 6) = \mathbb{P}\left(\frac{X-4}{2} \leqslant 1\right) = \mathbb{P}(Z \leqslant 1).$$

2. Si X suit la loi $\mathcal{N}(3;1{,}5)$, déterminez y pour que $\mathbb{P}(X \leqslant y) = 0{,}4218$.

$$\mathbb{P}(X \leqslant y) = \mathbb{P}\left(\frac{X-3}{1{,}5} \leqslant \frac{y-3}{1{,}5}\right) = \mathbb{P}(Z \leqslant a) \text{ avec } a = \frac{y-3}{1{,}5}.$$

3. Si X suit la loi $\mathcal{N}(5;2)$, déterminez $\mathbb{P}(2{,}5 \leqslant X \leqslant 6{,}5)$.

$$\mathbb{P}(2{,}5 \leqslant X \leqslant 6{,}5) = \mathbb{P}\left(-1{,}25 \leqslant \frac{X-5}{2} \leqslant 0{,}75\right)$$
$$= \mathbb{P}(-1{,}25 \leqslant Z \leqslant 0{,}75).$$

4. Si X suit la loi $\mathcal{N}(\mu;\sigma)$, déterminez un intervalle, $[\mu-y;\mu+y]$ tel que $\mathbb{P}(\mu-y \leqslant X \leqslant \mu+y) = 0{,}95$.

On cherche y tel que :

$$0{,}95 = \mathbb{P}(\mu-y \leqslant X \leqslant \mu+y) = \mathbb{P}\left(-\frac{y}{\sigma} \leqslant \frac{X-\mu}{\sigma} \leqslant \frac{y}{\sigma}\right)$$

soit $\mathbb{P}\left(-\dfrac{y}{\sigma} \leqslant Z \leqslant \dfrac{y}{\sigma}\right) = 0{,}95.$

2. Les deux tables disponibles pour $\mathcal{N}(0;\,1)$

- **Table de la fonction de répartition** (voir Table 1) notée dans ce cas particulier $\Phi(x)$ (ou $\Pi(x)$) pour la distinguer de la notation générale $F_X(x)$.
  Un réel x étant donné (arrondi à 10^{-2} sur support papier), la table donne $\Phi(x)$ pour $x \geqslant 0$.
  Pour $x < 0$, on a :

  $$\Phi(x) = 1 - \Phi(-x).$$

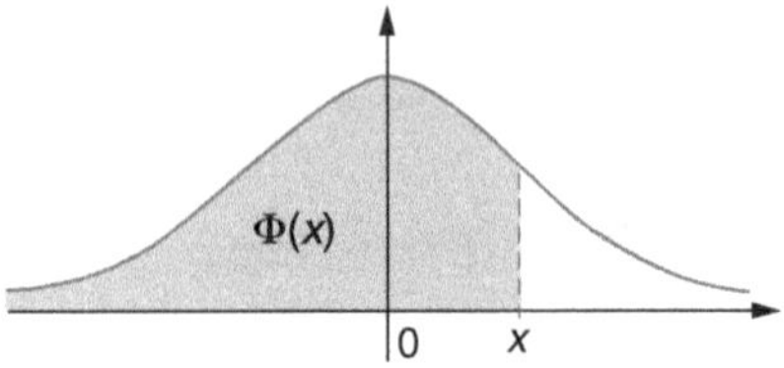

- **Table de l'écart réduit** (voir Table 2)
  Une probabilité α étant donnée (arrondie à 10^{-2} sur support papier), la table donne la valeur $z_\alpha > 0$ telle que

  $$\mathbb{P}(|Z| \geqslant z_\alpha) = \alpha.$$

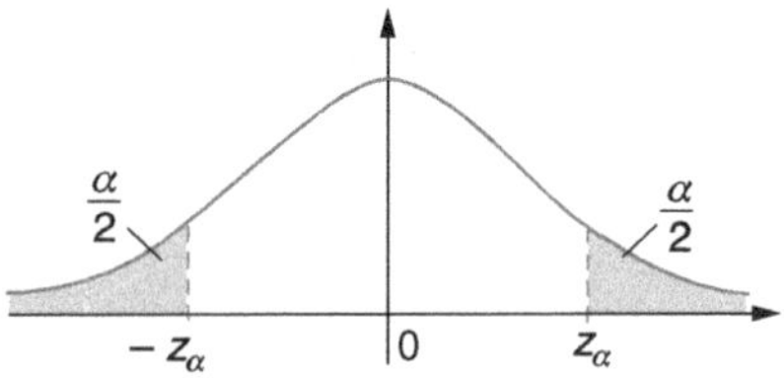

[IMPORTANT]

Vous pouvez répondre à toutes les questions avec une seule table. Mais il est plus simple (si vous avez le choix !) d'utiliser la table 1 quand vous connaissez des bornes et cherchez une probabilité, et la table 2 quand vous connaissez une probabilité et cherchez des bornes.

3. Reprenons les exemples

Exemples

1. Avec la Table 1 : $\mathbb{P}(X \leqslant 6) = \mathbb{P}(Z \leqslant 1) = \Phi(1) = 0,8413$

Sans la table 1, faites un dessin. On connaît $z_\alpha = 1$; avec la table 2 on estime $\alpha \approx 0,32$. La probabilité demandée est $1 - \dfrac{\alpha}{2} \approx 0,84$.

2. $\mathbb{P}(X \leqslant y) = \mathbb{P}(Z \leqslant a) = \Phi(a) = 0,4218$.

Ceci entraîne $a < 0$ puisque cette probabilité est < 0,5.

Avec la Table 2, on a : $\dfrac{\alpha}{2} = 0,4218$, soit $\alpha \approx 0,84$ d'où, par lecture, $-a = 0,202$. On en déduit $y \approx 2,7$.

3. Avec la Table 1 : $\mathbb{P}(2,5 \leqslant X \leqslant 6,5) = \mathbb{P}(-1,25 \leqslant Z \leqslant 0,75) = \Phi(0,75) - \Phi(-1,25) = 0,7734 - (1 - 0,8944) = 0,6678$. Sans la table 1, faites un dessin.

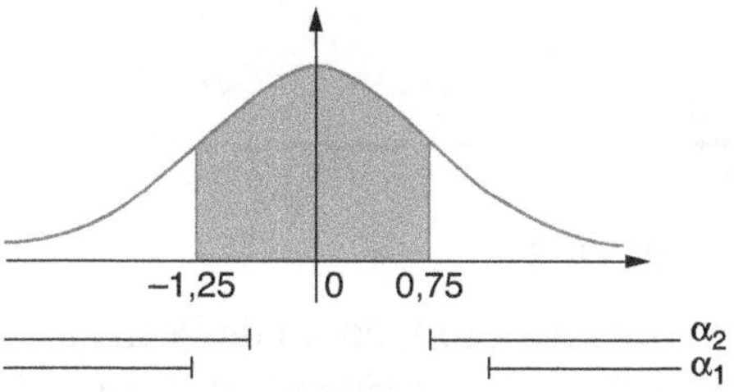

Avec $z_\alpha = 1,25$, on estime $\alpha_1 \approx 0,21$.

Avec $z_\alpha = 0,75$, on estime $\alpha_2 \approx 0,45$.

On cherche : $1 - \alpha_2 + \dfrac{\alpha_2 - \alpha_1}{2} = 1 - \dfrac{\alpha_1}{2} - \dfrac{\alpha_2}{2} \approx 0,67$.

4. $\mathbb{P}\left(-\dfrac{y}{\sigma} \leqslant Z \leqslant \dfrac{y}{\sigma}\right) = 0,95$.

On est dans la situation de la Table 2 avec $\alpha = 0,05$ et on lit $\dfrac{y}{\sigma} = 1,960$, que l'on arrondit souvent à 2.

L'intervalle cherché est donc $[\mu - 2\sigma; \mu + 2\sigma]$.

[IMPORTANT]

Si X suit la loi normale $\mathcal{N}(\mu\ ;\ \sigma)$, l'événement que X appartienne à l'intervalle $[\mu - 2\sigma\ ;\ \mu + 2\sigma]$ a une probabilité voisine de 0,95.
Autrement dit, dans le cas d'une loi normale, l'intervalle $[\mu - 2\sigma\ ;\ \mu + 2\sigma]$ contient environ 95 % des valeurs prises par de la population.
De la même façon, l'intervalle $[\mu - \sigma\ ;\ \mu + \sigma]$ contient environ 68 % des valeurs prises par de la population. Nous reverrons ces notions à la Fiche 28.

FICHE COURS 25

Lois continues déduites de la loi normale

1. Lois du χ^2

a. Définition théorique

Q suit la loi du χ^2 (lire khi-deux), ou loi de Pearson, à v degrés de liberté s'il existe v variables $Z_1,\ldots,Z_v$, indépendantes, qui suivent chacune la loi normale centrée réduite $\mathcal{N}(0\ ;\ 1)$, et telles que :

$$Q = Z_1^2 + \cdots + Z_v^2.$$

b. Utilisation pratique

Les fonctions densité dépendent du paramètre v. Elles ont l'allure suivante :

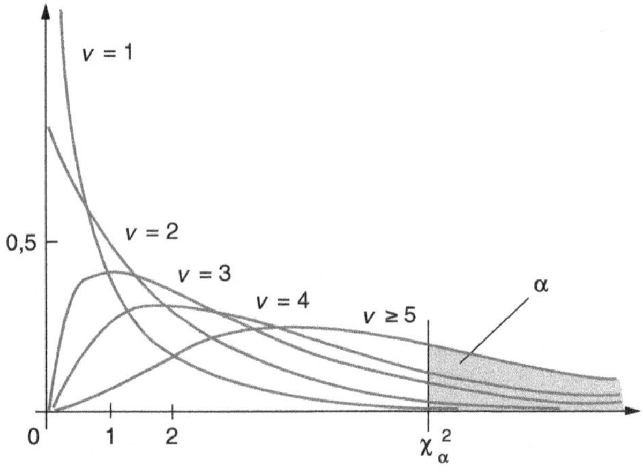

Le degré de liberté v étant connu, et une probabilité α donnée, la table 3 donne le nombre réel χ^2_α tel que :

$$\mathbb{P}(Q \geqslant \chi^2_\alpha) = \alpha.$$

2. Lois de Student

a. Définition théorique

Une variable aléatoire T suit la loi de Student à v degrés de liberté si on peut écrire :

$$T = \frac{Z}{\sqrt{X}/\sqrt{v}} = \frac{Z\sqrt{v}}{\sqrt{X}}$$

où Z suit la loi normale centrée réduite $\mathcal{N}(0; 1)$ et X la loi du χ^2 à v degrés de liberté.

b. Utilisation pratique

L'expression de la densité de T est compliquée. On retient seulement que c'est une fonction paire.

Une probabilité α étant donnée, la table 4 donne le nombre réel t_α tel que :

$$\mathbb{P}(|T| \geqslant t_\alpha) = \alpha.$$

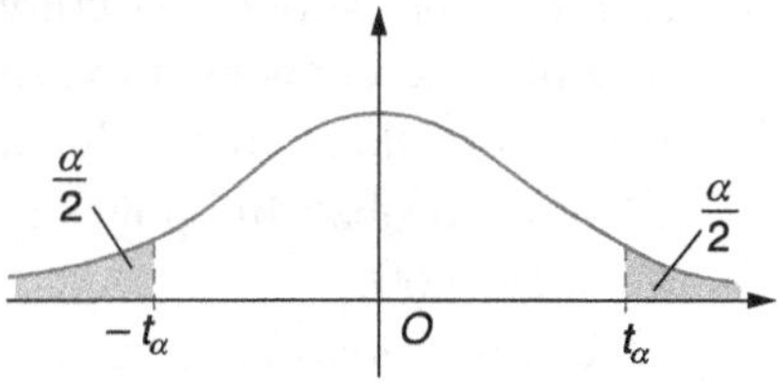

3. Lois de Fisher-Snedecor

a. Définition théorique

Soit X_1 et X_2 deux variables aléatoires indépendantes qui suivent des lois du χ^2 de degrés de liberté respectifs v_1 et v_2.

La variable aléatoire

$$F = \frac{X_1/v_1}{X_2/v_2} = \frac{v_2}{v_1}\frac{X_1}{X_2}$$

suit la loi de Fisher-Snedecor (ou de Snedecor, ou de Fisher) à (v_1, v_2) degrés de liberté.

b. Utilisation pratique

Pour α fixé, les tables 5 et 6 donnent le nombre f_α tel que $\mathbb{P}(F \geqslant f_\alpha) = \alpha$. La table 5 correspond à $\alpha = 0{,}025$ et la table 6 à $\alpha = 0{,}05$.

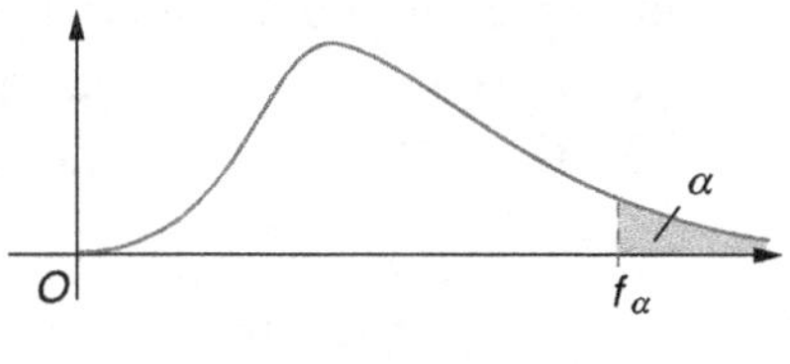

FICHE QCM 26

Entraînement sur les probabilités

Énoncés

Pour chaque QCM, cocher la (ou les) réponse(s) exacte(s).

1. *(D'après concours PACES Lyon, Pr Ecochard)*
Dans une population, il existe trois expressions génétiques d'un groupe sanguin, notées a, b et c. Un individu n'exprime qu'un seul de ces groupes sanguins. Les propriétés d'expression du groupe sanguin sont supposées complètement connues. Un individu a trois fois plus de chances d'exprimer le groupe sanguin a que b et deux fois moins de chances d'exprimer le groupe sanguin a que c.

❑ **a.** La probabilité pour un individu d'exprimer le groupe sanguin a est de 0,60.

❑ **b.** La probabilité pour un individu d'exprimer le groupe sanguin c est de 0,20.

❑ **c.** La probabilité pour un individu d'exprimer le groupe sanguin b est de 0,10.

❑ **d.** La probabilité pour un individu d'exprimer le groupe sanguin b est de 0,20.

❑ **e.** La probabilité pour un individu d'exprimer le groupe sanguin c est de 0,60.

2. *(D'après concours PACES Lyon, Pr Ecochard)*
Un nouveau médicament a été testé dans une population de 100 000 volontaires sains : 1000 de ces sujets ont présenté au moins un effet secondaire. Parmi ces 1000 sujets, 300 avaient moins de 60 ans. Sachant que 90 000 sujets avaient moins de 60 ans dans cette population, quelle est la probabilité pour un sujet de plus de 60 ans de présenter au moins un effet secondaire ?

❑ **a.** 0,07. ❑ **b.** 0,10. ❑ **c.** 0,33.
❑ **d.** 0,90. ❑ **e.** 0,99.

3. *(D'après concours PACES Lyon, Lyon Pr Ecochard)*
Pour un sujet d'une population P, « $X = 1$ » correspond à un fumeur et « $Y = 1$ » à la présence du cancer. La prévalence du cancer est de 12 % dans cette population qui comprend 20 % de fumeurs. 72 % des sujets sont exempts de cancer et non fumeurs.

❑ **a.** La probabilité pour un sujet fumeur de cette population d'avoir un cancer est de 0,04/0,20 = 0,2.

❑ **b.** La probabilité pour un sujet fumeur de cette population d'avoir un cancer est de 0,04/0,12 = 1/3 ≈ 0,33.

❑ **c.** Les deux variables aléatoires sont indépendantes dans l'exemple numérique fourni dans l'énoncé.

❑ **d.** Il suffit de vérifier que $\mathbb{P}(X = 0 \cap Y = 0) = \mathbb{P}(X = 0) \times \mathbb{P}(Y = 0)$ pour affirmer que les deux variables sont indépendantes.

❑ **e.** Il suffit de vérifier que $\mathbb{P}(X = 1 | Y = 0) = \mathbb{P}(X = 0)$ pour affirmer que les deux variables sont indépendantes.

4. *(D'après concours PACES Limoges)*
On sait que 10 % de la population des sujets âgés de 80 à 85 ans vivent en institution et 30 % des sujets de cette classe d'âge qui vivent en institution souffrent de troubles cognitifs sévères. Seulement 10 % des sujets âgés de 80 à 85 ans, qui ne vivent pas en institution, souffrent de troubles cognitifs sévères.

❑ **a.** La probabilité qu'un sujet âgé de 80 à 85 ans, choisi au hasard, ne vive pas en institution est 90 %.

❑ **b.** La probabilité qu'un sujet âgé de 80 à 85 ans, choisi au hasard, souffre de troubles cognitifs sévères est 0,09.

❑ **c.** La probabilité qu'un sujet âgé de 80 à 85 ans, choisi au hasard, souffre de troubles cognitifs sévères est 0,12.

❑ **d.** La probabilité qu'un sujet âgé de 80 à 85 ans, choisi au hasard, ne vive pas en institution et ne souffre pas de troubles cognitifs est 70 %.

❑ **e.** La probabilité qu'un sujet âgé de 80 à 85 ans, choisi au hasard, ne vive pas en institution et ne souffre pas de troubles cognitifs est supérieure à 80 %.

QCM n°5 et 6 : *(D'après concours PACES Lyon, Pr Ecochard)*
Le taux de triglycérides des sujets d'une population P peut être représenté par une variable aléatoire X de loi normale, de moyenne théorique $\mu = 1{,}3$ et d'écart type théorique $\sigma = 0{,}5$. Les valeurs sont exprimées en g/L.

5. Quelle est la probabilité, pour un sujet de cette population P, de présenter un taux de cholestérol inférieur ou égal à 1,2 g/L ?

❑ **a.** 0,98.
❑ **b.** 0,02.
❑ **c.** 0,58.
❑ **d.** 0,42.
❑ **e.** Les données ne permettent pas de faire le calcul.

6. On considère la variable aléatoire Y qui prend la valeur 1 lorsqu'un sujet de cette population P présente un taux de triglycérides inférieur ou égal à 1,2 g/L et qui prend la valeur 0 dans le cas contraire.

❑ **a.** La variable Y suit une loi normale.
❑ **b.** La variable Y suit une loi de Bernoulli.
❑ **c.** La moyenne théorique de Y est $\mathbb{P}(X \leqslant 1,2)$.
❑ **d.** La variance théorique de Y est $\mathbb{P}(X \leqslant 1,2) \times \mathbb{P}(X > 1,2)$.
❑ **e.** La loi de la variable Y peut être approximée par une loi normale.

7. *(D'après concours PACES Limoges)*
Soit X une variable aléatoire qui suit une loi de Poisson telle que $\mathbb{P}(X = 0) = 0,10$.

❑ **a.** La moyenne de cette loi de Poisson est 0,10.
❑ **b.** La moyenne de cette loi de Poisson est 2,3.
❑ **c.** La moyenne de cette loi de Poisson est 0.
❑ **d.** La moyenne et l'écart type de cette loi de Poisson sont égaux.
❑ **e.** La moyenne et la variance de cette loi de Poisson sont égales.

***QCM n°9 et 10 :** (D'après concours PACES Strasbourg)*
Dans la population féminine, le rythme cardiaque suit une loi normale de moyenne $\mu = 76$ pulsations par minute et d'écart type $\sigma = 2$ pulsations par minute.

8. Quelle est la probabilité (arrondie au millième) qu'une femme ait un rythme cardiaque compris entre 70 et 75 pulsations par minute ?

❑ **a.** 0,585 ❑ **b.** 0,242 ❑ **c.** 0,690
❑ **d.** 0,307 ❑ **e.** Autre réponse

9. Sur un échantillon de 10 000 femmes, combien présenteront un rythme cardiaque supérieur à 81 pulsations par minute ?

❑ **a.** 13 ❑ **b.** 62 ❑ **c.** 750
❑ **d.** 3070 ❑ **e.** Autre réponse

10. *(D'après concours PACES Lyon)*
La prévalence d'infection nosocomiale en milieu hospitalier est de 6 % dans une région française donnée. On considère 200 patients hospitalisés dans un hôpital de cette région. Dans la suite de l'énoncé, l'expression « patients infectés », désigne les patients pré- sentant une infection nosocomiale.

❑ **a.** On peut s'attendre à observer 6 patients infectés parmi ces 200 patients.

❑ **b.** On peut s'attendre à observer 12 patients infectés parmi ces 200 patients.

❑ **c.** La loi de probabilité de la variable « nombre de patients infectés parmi ces 200 patients », est une loi binomiale.

❑ **d.** La loi de probabilité de la variable « nombre de patients infectés parmi ces 200 patients », est une loi normale.

❑ **e.** La loi de probabilité de la variable « nombre de patients infectés parmi ces 200 patients », est une loi de Bernoulli.

QCM n°12 et 13 : *(D'après concours PACES Lyon)*
On considère une population P composée de 40 % d'hommes et de 60 % de femmes.
En moyenne dans cette population, sur 200 hommes, 10 sont daltoniens et sur 200 femmes, 4 sont daltoniennes.

11. Parmi les propositions suivantes, cochez la(les) proposition(s) exacte(s).

❑ **a.** La probabilité pour une femme de la population P d'être daltonienne est de 4 %.

❑ **b.** La probabilité pour une femme de la population P d'être daltonienne est de 2 %.

❑ **c.** La probabilité pour un sujet de la population P d'être daltonien quel que soit son genre est de 6,4 %.

❑ **d.** La probabilité pour un sujet de la population P d'être daltonien quel que soit son genre est de 3,2 %.

❑ **e.** Aucune des réponses précédentes n'est exacte.

On s'intéresse au nombre de femmes daltoniennes parmi 200 femmes de la population P.

12. Parmi les propositions suivantes, cochez la(les) proposition(s) exacte(s).

❑ **a.** Le nombre de femmes daltoniennes parmi 200 femmes de la population P suit une loi binomiale de paramètres ($n = 200$, $p = 0{,}04$).

❑ **b.** Le nombre de femmes daltoniennes parmi 200 femmes de la population P suit une loi binomiale de paramètres ($n = 200$, $p = 0{,}02$).

❑ **c.** Le nombre de femmes daltoniennes parmi 200 femmes de la population P peut être approximé par une loi normale de moyenne 4 et d'écart type 2.

❑ **d.** La loi de probabilité du nombre de femmes daltoniennes parmi 200 femmes de la population P peut être approximée par une loi de Poisson de paramètre 2.

❑ **e.** La loi binomiale de paramètre p décrit le nombre d'événements survenant dans un échantillon d'individus lorsque les individus ont chacun une probabilité p de survenue de l'événement.

13. *(D'après concours PACES Nantes)*
Dans une fabrication de bouteilles de sirop, on sait que la probabilité qu'une bouteille soit défectueuse est égale à 0,0004. On s'intéresse à un échantillon de 1000 bouteilles. Soit R la variable aléatoire « nombre de bouteilles susceptibles d'être défectueuses dans l'échantillon ».
Parmi les affirmations suivantes, la(es)quelle(s) est(sont) exacte(s) ? (une ou plusieurs réponses)

❑ **a.** La variable aléatoire R suit une loi de Bernoulli de paramètre $p = 0{,}0004$.

❑ **b.** La variable aléatoire R suit une loi binomiale de paramètres $n = 10\,000$ et $p = 0{,}0004$.

❑ **c.** $E(R) = \mathrm{Var}(R) = 0{,}0004$.

❑ **d.** $E(R) = \mathrm{Var}(R) = 4$.

❑ **e.** La loi de probabilité de la variable aléatoire R peut être approximée par une loi de Poisson de paramètre $\lambda = 4$.

14. *(D'après concours PACES Nantes)*
On considère la fonction f définie sur $\mathbb{R}$ par :

$$\begin{cases} f(x) = k\,e^{-x} & \text{si } x \geqslant 0 \\ f(x) = 0 & \text{si } x < 0. \end{cases}$$

Déterminez la valeur de k pour que f puisse être considérée comme la fonction densité de probabilité d'une variable aléatoire continue X (une seule réponse).

❑ **a.** $k = \frac{1}{2}\cdot$ ❑ **b.** $k = -2.$ ❑ **c.** $k = \frac{1}{4}\cdot$ ❑ **d.** $k = -\frac{1}{3}\cdot$
❑ **e.** k = 1.

QCM n°15 et 16 : (D'après concours PACES Grenoble)
Soit la variable aléatoire X qui admet pour densité de probabilité la fonction f définie par :

$$\begin{cases} f(x) = x^3 + x + \frac{1}{4} & \text{si } x \in [0\,;1] \\ f(x) = 0 & \text{si } x \notin [0\,;1]. \end{cases}$$

15. L'espérance mathématique de X est égale à :

❑ **a.** 0 ❑ **b.** 0,533 ❑ **c.** 0,658 ❑ **d.** 1 ❑ **e.** 1,358

16. L'écart type de X est égal à :

❑ **a.** 0,067 ❑ **b.** 0,26 ❑ **c.** 0,5 ❑ **d.** 1,25
❑ **e.** Aucune des réponses ci-dessus.

Corrigés

1. ❑ **a.** ❑ **b.** ☒ **c.** ❑ **d.** ☒ **e.**

Soient x, y, z les probabilités respectives qu'un individu exprime le groupe sanguin a, b ou c.

On a : $x + y + z = 1$ **(1)** puisque les trois événements: « un individu pris au hasard exprime le groupe a » (resp. b et c) constituent un système complet.

On donne: $x = 3y$ et $x = \frac{1}{2}z$, soit : $y = \frac{1}{3}x$ et $z = 2x$.

En reportant dans l'égalité **(1)** on a : $x + \frac{1}{3}x + 2x = 1 = \frac{10}{3}x$ ce qui donne :

$$x = 0{,}30\ ;\ y = 0{,}10\ ;\ z = 0{,}60.$$

2. ☒ **a.** ☐ **b.** ☐ **c.** ☐ **d.** ☐ **e.**

Notons les événements : S « un individu pris au hasard a présenté un effet secondaire » et P « un individu pris au hasard a plus de 60 ans ».

On donne $\mathbb{P}(S)=\dfrac{1000}{100000}=0{,}01$, $\mathbb{P}(P|S)=\dfrac{700}{1000}=0,70$

et $\mathbb{P}(P)=\dfrac{10000}{100000}=0,10$.

On demande $\mathbb{P}(S|P)=\dfrac{\mathbb{P}(S\cap P)}{\mathbb{P}(P)}=\dfrac{\mathbb{P}(S)\times\mathbb{P}(P|S)}{\mathbb{P}(P)}=\dfrac{0{,}01\times 0{,}7}{0{,}1}=0,07$.

Vous pouvez aussi utiliser un tableau d'effectifs.

3. ☒ **a.** ☐ **b.** ☐ **c.** ☒ **d.** ☐ **e.**

Considérons un échantillon représentatif de 1000 individus (grande taille pour pouvoir assimiler fréquences et probabilités) et reportons les informations fournies sous forme d'un tableau d'effectifs:

	$X=0$	$X=1$	Total
$Y=0$	720	160	880
$Y=1$	80	40	120
Total	800	200	1000

• La proposition **a.** est vraie et la proposition **b.** fausse

$\mathbb{P}(Y=1\mid X=1)=\dfrac{40}{200}=0,20$.

• **c.** fausse $\mathbb{P}((X=0)\cap(Y=0))=\dfrac{720}{1000}=0,72$ est différent de

$\mathbb{P}(X=0)\times\mathbb{P}(Y=0)=\dfrac{800}{1000}\times\dfrac{880}{1000}=0,704$.

• La proposition **d.** est vraie Si on a l'égalité annoncée, on peut en déduire (par exemple) :

$\mathbb{P}((X=0)\cap(Y=1))=\mathbb{P}(X=0)-\mathbb{P}((X=0)\cap(Y=0))$

$=\mathbb{P}(X=0)-\mathbb{P}(X=0)\times\mathbb{P}(Y=0)=\mathbb{P}(X=0)[1-\mathbb{P}(Y=0)]$

$=\mathbb{P}(X=0)\times\mathbb{P}(Y=1)$.

• La proposition **e.** est fausse, l'égalité $\mathbb{P}(X=1 | Y=0)=\mathbb{P}(X=0)$ entraîne :
$\mathbb{P}((X=1)\cap(Y=0))=\mathbb{P}(X=0)\times\mathbb{P}(Y=0)$.

4. ☒ **a.** ☐ **b.** ☒ **c.** ☐ **d.** ☒ **e.**

Notons les événements : I « un sujet âgé de 80 à 85 ans vit en institution » et TC « un sujet âgé de 80 à 85 ans souffre de troubles cognitifs sévères ».

Considérons un échantillon représentatif de 1000 individus (grande taille pour pouvoir assimiler fréquences et probabilités) et reportons les informations fournies sous forme d'un tableau d'effectifs :

	TC	$\overline{TC}$	Total
I	30	70	100
$\bar{I}$	90	810	900
Total	120	880	1000

Les réponses se déduisent immédiatement de ce tableau.

5. ☐ **a.** ☐ **b.** ☐ **c.** ☒ **d.** ☐ **e.**

$\mathbb{P}(X\leqslant 1,2)=\mathbb{P}\left(\dfrac{X-1,3}{0,5}\leqslant\dfrac{1,2-1,3}{0,5}\right)=\mathbb{P}(Z\leqslant -0,2)$ où Z suit $\mathcal{N}(0\,;1)$

Avec la table de la fonction de répartition:
$\mathbb{P}(X\leqslant 1,2)=\Phi(-0,2)=1-\Phi(0,2)=1-0,5793\approx 0,42$.

Avec la table de l'écart réduit :

Avec $z=0,2$, on lit $\alpha=0,84$ et la probabilité demandée est $\dfrac{\alpha}{2}=0,42$.

6. ☐ **a.** ☒ **b.** ☒ **c.** ☒ **d.** ☐ **e.**

• Y prend 2 valeurs avec les probabilités:
$\mathbb{P}(Y=0)=\mathbb{P}(X>1,2)=0,58$ et $\mathbb{P}(Y=1)=\mathbb{P}(X\leqslant 1,2)=0,42$.

• $E(Y)=0,42$.

• $\mathrm{Var}(Y)=0,42\times 0,58$.

7. ☐ **a.** ☒ **b.** ☐ **c.** ☐ **d.** ☒ **e.**

Si X suit une loi de Poisson $\mathcal{P}(\lambda)$, on a :

$$\mathbb{P}(X=0)=e^{-\lambda}=0,10\Leftrightarrow\lambda\approx 2,3\,;$$

donc **a.** et **c.** sont fausses et **b.** est vraie.

De plus, pour toute loi de Poisson, on a : $E(X)=\mathrm{Var}(X)=\lambda$ donc **e.** est vraie et **d.** est fausse.

8. ❑ **a.** ❑ **b.** ❑ **c.** ☒ **d.** ❑ **e.**

Le rythme cardiaque X (nombre de pulsations par minute) suit la loi normale $\mathcal{N}(76\ ;\ 2)$. Par conséquent, $Z = \dfrac{X-76}{2}$ suit $\mathcal{N}(0\ ;\ 1)$.

$$\mathbb{P}(70 \leqslant X \leqslant 75) = \mathbb{P}\left(\frac{70-76}{2} \leqslant \frac{X-76}{2} \leqslant \frac{75-76}{2}\right)$$
$$= \mathbb{P}(-3 \leqslant Z \leqslant -0,5) = \Phi(-0,5) - \Phi(-3)$$

où Φ désigne la fonction de répartition de $\mathcal{N}(0\ ;\ 1)$

$$= (1 - 0,6915) - (1 - 0,9986) = 0,3071 \approx 0,307.$$

9. ❑ **a.** ☒ **b.** ❑ **c.** ❑ **d.** ❑ **e.**

$\mathbb{P}(X \geqslant 81) = \mathbb{P}(Z \geqslant 2,5) = 1 - \Phi(2,5) = 1 - 0,9938 = 0,0062.$

Sur un échantilllon (considéré comme grand) de 10 000 femmes, on peut assimiler la probabilité et la proportion observée. Le nombre de femmes concernées est alors estimé à 62.

10. ❑ **a.** ☒ **b.** ☒ **c.** ❑ **d.** ❑ **e.**

La proposition **a.** est fausse et la proposition **b.** est vraie. La prévalence vaut 6 %, donc pour 200 patients hospitalisés, on en attend 12 infectés.

La proposition **c.** est vraie, **d.** et **e.** sont fausses. Supposons que les infections se produisent indépendamment les unes des autres. Chacune d'entre elles a une probabilité de 0,06 de se produire et ainsi la loi de probabilité recherchée est une loi binomiale $\mathcal{B}(200;\ 0,06)$.

11. ❑ **a.** ☒ **b.** ❑ **c.** ☒ **d.** ❑ **e.**

La proposition **a.** est fausse et la proposition **b.** est vraie.

$$\mathbb{P}(\text{Daltonien}|\text{Femme}) = \frac{4}{200} = 2\%.$$

La proposition **c.** est fausse et la proposition **d.** est vraie.

$\mathbb{P}(\text{Daltonien})$

$= \mathbb{P}(\text{Daltonien}|\text{Femme})(\text{Femme}) + \mathbb{P}(\text{Daltonien}|\text{Homme})(\text{Homme})$

$$= \frac{4}{200} \times \frac{6}{10} \times \frac{10}{200} \times \frac{4}{10} = 3,2\%.$$

12. ❑ **a.** ☒ **b.** ❑ **c.** ❑ **d.** ❑ **e.**

La proposition **a.** est fausse et **b.** est vraie. Loi binomiale $\mathcal{B}(200;\ 0{,}02)$. La proposition **c.** est fausse. $n = 200 \geqslant 30$ et $n(1-p) = 200\dfrac{98}{100} = 196 \geqslant 5$ mais $np = 4 < 5$. L'approximation par la loi normale n'est pas valide.

La proposition **d.** est fausse. $n = 200 \geqslant 30$. $p = 0{,}02 \leqslant 0{,}1$ et $np = 4 \leqslant 10$. C'est l'approximation par la loi de Poisson $\mathcal{P}(np = 4)$ qui est valide.

La proposition **e.** est fausse. Une loi binomiale dépend de deux paramètres.

N.B. : Pour certaines personnes, tous les échantillons sont implicitement constitués de manière indépendante. Pensez à vous en assurer auprès de votre enseignant. C'est l'hypothèse supplémentaire que nous ferons pour résoudre le QCM 13 suivant.

13. ❑ **a.** ☒ **b.** ❑ **c.** ❑ **d.** ☒ **e.**

La proposition **a.** est fausse et **b.** est vraie. Loi binomiale $\mathcal{B}(10\,000;\ 0{,}0004)$.

Les propositions **c.** et **d.** sont fausses.

$E(R) = np = 4$. $\mathrm{Var}(R) = np(1-p) = 4(1 - 0{,}0004) < 4$.

La proposition **e.** est vraie. $n = 10000 \geqslant 30$, $p = 0{,}0004 \leqslant 0{,}1$ et $np = 4 \leqslant 10$. L'approximation par la loi de Poisson $\mathcal{P}(np = 4)$ est valide.

14. ❑ **a.** ❑ **b.** ❑ **c.** ❑ **d.** ☒ **e.**

La fonction f est continue sauf pour $x = 0$ où elle admet une limite à gauche (0) et à droite (k).

Pour qu'elle puisse être considérée comme la fonction de densité de probabilité d'une variable aléatoire X, il faut alors : $f(x) \geqslant 0$ et $\int_{-\infty}^{+\infty} f(x)\,\mathrm{d}x = 1$ ce qui élimine les propositions **b.** et **d.**

$\int_{-\infty}^{+\infty} f(x)\,\mathrm{d}x = \int_{0}^{+\infty} k\,\mathrm{e}^{-x}\,\mathrm{d}x = \lim\limits_{a\to+\infty}\left([-k\,\mathrm{e}^{-x}]_0^a\right) = k$. La proposition **e.** est donc vraie.

La fonction f obtenue est une densité de probabilité de la loi exponentielle de paramètre $l = 1$.

15. ❑ a. ❑ b. ☒ c. ❑ d. ❑ e.

En dehors du temps du concours, vérifions que f est bien une densité de probabilité.
f est continue sauf en 0 et 1 où elle admet des limites finies, positive, et :

$$\int_{-\infty}^{+\infty} f(x)\,dx = \int_0^1 f(x)\,dx = \left[\frac{x^4}{4}+\frac{x^2}{2}+\frac{1}{4}X\right]_0^1 = 1.$$

$$E(X) = \int_{-\infty}^{+\infty} xf(x)\,dx = \left[\frac{x^5}{5}+\frac{x^3}{3}+\frac{x^2}{8}\right]_0^1 = \frac{79}{120} \sim 0,658.$$

16. ❑ a. ☒ b. ❑ c. ❑ d. ❑ e.

$$E(X^2) = \int_{-\infty}^{+\infty} x^2 f(x)\,dx = \left[\frac{x^6}{6}+\frac{x^4}{4}+\frac{x^3}{12}\right]_0^1 = \frac{1}{2}$$

$$\mathrm{Var}(X) = E(X^2)-(E(X))^2 = \frac{1}{2}-\left(\frac{79}{120}\right)^2 \approx 0,067.$$

$$\sigma(X) = \sqrt{\mathrm{Var}(X)} \approx 0,26.$$

[Statistique inférentielle]

FICHE COURS 27

Méthode d'échantillonnage et échantillon

1. Introduction

On s'intéresse souvent à l'étude d'un caractère dans une population à laquelle on n'a pas accès (l'ensemble des poissons d'une rivière, ...). Pour connaître la répartition d'un caractère dans une population, on a donc recours à un échantillon de cette population. Mais si on extrait aléatoirement plusieurs échantillons de taille n fixée, les résultats obtenus différeront vraisemblablement, ce qu'on appelle alors les **fluctuations d'échantillonnage**. À partir d'un échantillon, on n'a donc pas de certitudes, mais une estimation de paramètres.

2. Méthode d'échantillonnage

a. Définition

Une **méthode d'échantillonnage** est un algorithme permettant sans ambiguïté de créer un échantillon, c'est-à-dire de sélectionner sans distinction d'ordre une partie de la population.

Puisque les unités statistiques sont distinguables, l'échantillonnage revient à décrire comment sont sélectionnés les indices $i_1, ..., i_n$ des n unités statistiques de la population.

Ainsi, échantillonner dans la population est équivalent à échantillonner dans $\{1, ..., N\}$.

b. Propriétés

L'échantillonnage est dit **non-exhaustif** si le tirage des n individus constituant l'échantillon a lieu avec remise.

Il est **exhaustif** si le tirage des n individus est réalisé sans remise.

En fait, le plus souvent la taille d'un échantillon est faible par rapport à celle de la population et on assimile alors l'échantillonnage au cas non-exhaustif.

3. Échantillon

a. Définition

Un échantillon est le résultat d'une méthode d'échantillonnage appliquée une fois sur la population.

b. Constitution d'un échantillon

L'**échantillon** utilisé doit être **représentatif** de la population, c'est-à-dire reproduire les catégories pertinentes pour l'étude effectuée.
Par exemple, pour un sondage d'opinion, on reproduit les tranches d'âge, mais on ne tient pas compte de la couleur des cheveux.
L'**échantillon** doit être constitué de manière **aléatoire** et non par volontariat (ce sont les râleurs qui téléphonent), ou par disponibilité (ce sont les malades les plus atteints qui consultent).
On oppose échantillon aléatoire et échantillon de convenance.

c. Deux échantillons

Pour étudier l'effet d'un traitement pouvant agir sur une maladie, on est amené à constituer et à comparer deux échantillons (ou parfois plus). Si les échantillons sont constitués par des individus différents, il s'agit d'échantillons **indépendants**.
S'il s'agit des *mêmes* individus soumis, dans un ordre tiré au sort et avec un délai suffisant, au principe actif et à un placebo, les individus sont associés deux à deux. On dit que les échantillons de données sont **appariés**.

FICHE COURS 28

Estimation ponctuelle

1. Estimation ponctuelle non biaisée

On dit qu'une variable aléatoire Θ_n, associée à un échantillon de taille n, est un **estimateur sans biais**, ou **non biaisé**, d'un paramètre θ si $E(\Theta_n) = \theta$. Dans le cas contraire, **l'estimateur** est dit **biaisé**.
Si l'estimateur est non biaisé, cela signifie que, si, pour un grand nombre d'échantillons de taille n, on calcule les diverses estimations θ_n obtenues et qu'on en fait la moyenne, on obtient à peu près θ.
Si, en plus, on a $\lim_{n\to\infty} \text{Var}(\Theta_n) = 0$, **l'estimateur** est dit **convergent**.
La variance étant un indicateur de dispersion, on préfère un estimateur sans biais, convergent, dont la variance soit aussi petite que possible. D'autres critères de choix d'un estimateur existent. Mais ils ne seront pas abordés ici car ils nécessitent l'usage d'un ordinateur.

[IMPORTANT]

Dans la suite du livre, le fait qu'un estimateur dépende de la taille n de l'échantillon sera sous-entendu et on notera, par exemple, Θ au lieu de Θ_n.

2. Estimation ponctuelle d'une moyenne

a. Notations

On étudie sur la population un caractère quantitatif X dont la moyenne μ et la variance σ^2 sont à estimer.
Pour un échantillon de taille n, on note $x_1, ..., x_n$ les valeurs observées et $X_1, ..., X_n$ les variables aléatoires associées. La variable aléatoire X_i prend pour valeurs les i-èmes mesures d'un grand nombre d'échantillons. Le réel x_i est la i-ème mesure de l'unique échantillon disponible. On définit deux variables aléatoires :

$\overline{X} = \frac{1}{n}\sum_{i=1}^{n} X_i$ qui prend pour valeurs les moyennes des échantillons de taille n ;

$V = \frac{1}{n}\sum_{i=1}^{n} (X_i - \overline{X})^2$ qui prend pour valeurs les variances des échantillons de taille n.

b. Estimation ponctuelle d'une moyenne

Théorème

$$E(\bar{X}) = \mu \ ; \ \mathrm{Var}(\bar{X}) = \frac{\sigma^2}{n}.$$

$\bar{X}$ est donc un estimateur sans biais de μ, et convergent.
Dans la pratique, on dispose d'un seul échantillon et on retient comme estimation de la moyenne théorique μ la moyenne de l'échantillon $\bar{x} = \frac{1}{n}\sum_{i=1}^{n} x_i$.

3. Estimation ponctuelle d'une variance

a. Notations

Nous gardons les mêmes notations que dans le §2.

b. Estimation ponctuelle d'une variance

Théorème

$$E(V) = \frac{n-1}{n}\sigma^2.$$

V est donc un estimateur biaisé de σ^2. Pour obtenir un estimateur non biaisé on considère $S^2 = \frac{n}{n-1}V$. Ces deux estimateurs sont convergents.
Dans la pratique, on dispose d'un seul échantillon et on retient comme estimation de la variance théorique σ^2 la variance estimée :

$$s^2 = \frac{1}{n-1}\sum_{i=1}^{n}(x_i - \bar{x})^2 = \frac{n}{n-1}\left[\frac{1}{n}\sum_{i=1}^{n} x_i^2 - \left(\frac{1}{n}\sum_{i=1}^{n} x_i\right)^2\right].$$

[IMPORTANT]

On estime aussi σ par s, bien que cette estimation soit biaisée.

Attention aux notations choisies selon les critères : en grec ce qui concerne la population, en latin ce qui concerne l'échantillon ; et l'écriture la plus simple pour la notion la plus importante.

[Conseil]

Avec une calculatrice élémentaire, on obtient directement s avec la touche S_x ou σ_{n-1}.
Dans ce cas, n'oubliez pas d'élever au carré pour avoir s^2.

4. Estimation ponctuelle d'une proportion

a. Notations

Si la population est formée d'individus ayant ou non un caractère A, on définit la variable aléatoire P qui prend pour valeurs les proportions observées de A sur des échantillons de taille n, supposés tirés avec remise.

Soit $\pi = \frac{N_A}{N}$ la proportion d'individus de la population, qui présentent le caractère A. C'est π qu'il s'agit d'estimer.

b. Estimation ponctuelle d'une proportion

Théorème

$$E(P) = \pi \; ; \; \mathrm{Var}(P) = \frac{\pi(1-\pi)}{n}.$$

P est donc un estimateur sans biais de π, et convergent.
Dans la pratique, on dispose d'un seul échantillon et on retient comme estimation de la proportion théorique π la proportion observée de l'échantillon $P = \frac{n_A}{n}$.

[REMARQUE]

Il est à noter qu'une proportion est une moyenne de 0 et de 1, donc une moyenne particulière. C'est pourquoi P hérite des mêmes propriétés que $\overline{X}$.

Intervalles de fluctuation et de confiance pour une proportion

1. Principe d'un intervalle de fluctuation (ou intervalle de pari)

Un intervalle de fluctuation I est construit en supposant connue la distribution de probabilité de P, définie à la fiche 28, de telle sorte qu'il contienne, avec une probabilité de $1 - \alpha$, l'une de ses réalisations.

Il est souvent utilisé pour détecter un écart entre le paramètre π de la distribution de P, supposé connu, et sa vraie valeur définie au niveau de la population en déterminant si une réalisation de P calculée à partir d'un échantillon de la population appartient, ou non, à l'intervalle de fluctuation I.

Le fait d'obtenir une valeur en dehors de cet intervalle s'interprète alors en mettant en cause la valeur théorique π, ou éventuellement la représentativité de l'échantillon.

À l'inverse, le fait que la réalisation de P soit comprise dans l'intervalle n'est pas une garantie que la distribution de P soit spécifiée correctement.

2. Intervalle de fluctuation asymptotique pour une proportion

Supposons que l'intervalle de fluctuation puisse être déterminé à l'aide de la loi binomiale, par exemple dans le cas de tirages aléatoires avec remise, et que l'on puisse approximer la loi binomiale $B(n\ ;\ \pi)$ par une loi normale (voir Fiche 23).

Il découle de cette approximation, une formulation explicite d'un intervalle de fluctuation pour une proportion avec une probabilité approchée $1 - \alpha$:

$$I = \left]\pi - z_\alpha\sqrt{\frac{\pi(1-\pi)}{n}}\,;\ \pi + z_\alpha\sqrt{\frac{\pi(1-\pi)}{n}}\right[.$$

3. Principe d'un intervalle de confiance

Soit π la proportion observée du caractère A dans une population et p la proportion du même caractère dans un échantillon de taille n. On sait que p est une estimation ponctuelle non biaisé de π (voir Fiche 28). Mais quelle confiance peut-on accorder à cette estimation ?
On répond à cette question en choisissant un nombre $\alpha \in]0; 1[$ et en déterminant un intervalle $]a ; b[$ tel que la probabilité que l'intervalle aléatoire $]a ; b[$ contienne π soit au moins égale à $1 - \alpha$.
L'intervalle obtenu est dit **intervalle de confiance** de π au **niveau de risque** α, ou au **niveau de sécurité** (ou de confiance) $1 - \alpha$.

4. Intervalle de confiance asymptotique pour une proportion

Le nombre d'individus ayant le caractère A dans un échantillon de taille n, suit la loi binomiale $\mathcal{B}(n; \pi)$. On peut en déduire un intervalle de confiance de π par cumul de probabilités élémentaires, ce qui est très pénible sans ordinateur.
Si on peut approximer la loi binomiale $\mathcal{B}(n; \pi)$ par une loi normale (voir Fiche 23), alors $Z = \dfrac{P - \pi}{\sqrt{\dfrac{\pi(1-\pi)}{n}}}$ suit approximativement la loi $\mathcal{N}(0 ; 1)$.

On peut donc dire (au niveau de risque approximatif α) que :

$$p - z_\alpha\sqrt{\frac{\pi(1-\pi)}{n}} < \pi < p + z_\alpha\sqrt{\frac{\pi(1-\pi)}{n}}.$$

On calcule les deux bornes de l'inégalité en remplaçant π par p, ce qui donne alors l'intervalle de confiance :

$$\left]p - z_\alpha\sqrt{\frac{p(1-p)}{n}} ; p + z_\alpha\sqrt{\frac{p(1-p)}{n}}\right[.$$

FICHE COURS 30

Intervalle de confiance d'une moyenne et d'une variance

1. Estimation d'une moyenne par intervalle de confiance

a. Cas d'une population gaussienne (variance connue)

Si X suit une loi normale $\mathcal{N}(\mu;\, \sigma)$, alors $\overline{X}$ suit la loi normale $\mathcal{N}\left(\mu; \dfrac{\sigma}{\sqrt{n}}\right)$.

Pour un niveau de risque α donné, on lit l'écart réduit z_α dans la table 2 et on peut affirmer, avec un niveau de risque α de se tromper, que :

$$-z_\alpha < \frac{\overline{x}-\mu}{\dfrac{\sigma}{\sqrt{n}}} < z_\alpha$$

soit :

$$\mu \in \left]\overline{x} - z_\alpha \frac{\sigma}{\sqrt{n}}\ ;\ \overline{x} + z_\alpha \frac{\sigma}{\sqrt{n}}\right[.$$

b. Cas d'une population gaussienne (variance inconnue)

La variable aléatoire $T = \dfrac{\overline{X}-\mu}{\dfrac{s}{\sqrt{n}}}$ suit la loi de Student à $n-1$ degrés de liberté.

Pour un niveau de risque α donné, on lit le nombre t_α (qui dépend à la fois de α et de n) dans la table 4 (en ligne le degré de liberté et en colonne α) et on peut affirmer, au risque α de se tromper, que :

$$\mu \in \left]\overline{x} - t_\alpha \frac{s}{\sqrt{n}}\ ;\ \overline{x} + t_\alpha \frac{s}{\sqrt{n}}\right[.$$

c. Cas d'une loi quelconque et d'un grand échantillon

Si $n \geq 30$, la variable aléatoire $Z = \dfrac{\overline{X} - \mu}{\dfrac{s}{\sqrt{n}}}$ suit approximativement la loi normale centrée réduite. L'intervalle de confiance de la moyenne μ, au risque α, devient alors :

$$\left]\overline{x} - z_\alpha \frac{s}{\sqrt{n}}\ ;\ \overline{x} + z_\alpha \frac{s}{\sqrt{n}}\right[.$$

2. Estimation d'une variance par intervalle de confiance

a. Théorème

Si X suit une loi normale $\mathcal{N}(\mu;\ \sigma)$, alors la variable aléatoire $Y = \dfrac{n-1}{\sigma^2} S^2$ suit la loi du χ^2 à $\nu = n - 1$ degrés de liberté.

Voir la Fiche 25 pour la définition des lois du χ^2 et l'allure des fonctions de densité de probabilité.

b. Utilisation si $n \leqslant 30$

Pour α donné, on détermine les nombres réels a et b tels que :

$$\mathbb{P}(Y \leqslant a) = \frac{\alpha}{2} \text{ et } \mathbb{P}(Y \geqslant b) = \frac{\alpha}{2}.$$

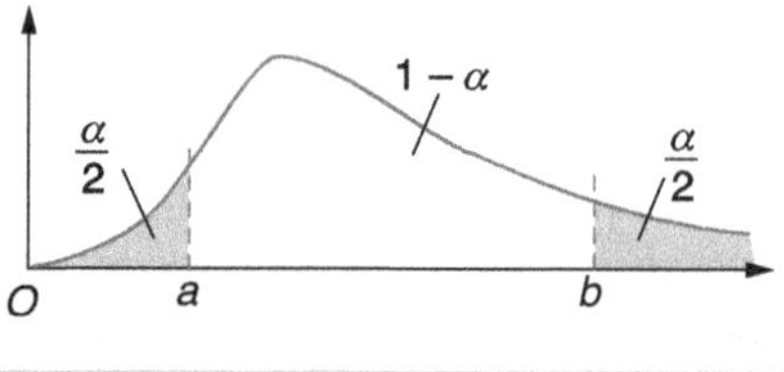

Les nombres *a* et *b* se lisent dans la Table 3. On prend la ligne correspondant au degré de liberté, soit ici *n* – 1.
Pour la colonne, regardez bien la légende graphique de la table : il s'agit de la surface à droite.
Donc pour α = 0,05 (choix le plus classique) vous lisez *b* dans la colonne 0,025 et *a* dans la colonne 0,975 (puisque la surface totale est égale à 1).

La seule valeur connue de S^2 étant s^2, on obtient comme intervalle de confiance de σ^2 au risque α :

$$\left]\frac{(n-1)s^2}{b};\frac{(n-1)s^2}{a}\right[.$$

c. Utilisation si $n > 30$

Le théorème cité précédemment est vrai quel que soit n. Mais les tables (papier) du χ^2 s'arrêtent habituellement au degré de liberté $v = 30$. On ne peut donc pas les utiliser si $n > 30$. Mais, en l'absence d'ordinateur on dispose du théorème d'approximation qui suit :

- **Théorème**

Si Q est une variable aléatoire qui suit la loi du χ^2 à v degrés de liberté et si $v > 30$, alors la variable aléatoire $Z = \sqrt{2Q} - \sqrt{2Q-1}$ suit approximativement la loi normale centrée réduite N(0 ; 1).

- **Utilisation**

Ici on a $Z = \sqrt{\dfrac{2(n-1)S^2}{\sigma^2}} - \sqrt{2n-3}$. Après avoir choisi le risque α, on lit dans la table de l'écart réduit (Table 2) la borne z_α telle que $\mathbb{P}(-z_\alpha < Z < z_\alpha)$ et on en déduit l'intervalle de confiance de σ^2 au risque α :

$$\left]\frac{2(n-1)s^2}{\left(\sqrt{2n-3}+z_\alpha\right)^2};\frac{2(n-1)s^2}{\left(\sqrt{2n-3}-z_\alpha\right)^2}\right[.$$

Introduction aux tests statistiques

1. Risques et hypothèses

Un **test statistique** est une procédure qui permet de trancher entre deux hypothèses à partir des résultats d'un échantillon. Les informations étant obtenues sur un échantillon aléatoire, toute décision est associée à un **risque d'erreur**, c'est-à-dire à une probabilité de se tromper.

Soit H_0 et H_1 les deux hypothèses dont une seule est vraie. Il y a quatre cas qui figurent dans le tableau ci-dessous avec leurs probabilités.

	H_0 vraie	**H_1 vraie**
H_0 décidée	$1 - \alpha$	β
H_1 décidée	α	$1 - \beta$

Le nombre réel α est appelé **risque d'erreur de première espèce**. C'est la probabilité de se tromper quand on décide d'accepter H_1, et de rejeter H_0 par conséquent, alors qu'en réalité H_0 est vraie.

Dans les sciences de la vie, on retient le plus souvent comme **niveau de signification**, ou **seuil de significativité**, $\alpha = 0{,}05$ soit 5 %, parfois $\alpha = 0{,}01$ soit 1 %. Mais ce n'est qu'une habitude.

Le nombre réel β est appelé **risque d'erreur de deuxième espèce**. C'est la probabilité de se tromper quand on décide de ne pas rejeter H_0, alors qu'en réalité H_0 est fausse.

Le nombre $1 - \beta$ est appelé la **puissance du test**.

Le risque β (et la puissance $1 - \beta$) ne concerne que l'hypothèse H_1. Comme α, il doit être fixé avant l'utilisation du test (voir Fiche 48).

Le fonctionnement d'un test part de l'hypothèse H_0 vraie. La conclusion ne se fait donc qu'au risque α.

Les deux conclusions possibles d'un test sont :

- H_0 rejetée (décision) au seuil d'erreur α et H_1 acceptée.
- H_0 non-rejetée (pas de décision, prudence) et par conséquent H_0 acceptée au seuil α.

2. Test bilatéral et test unilatéral

Si le signe de la différence n'a pas d'importance pour l'expérimentateur, il s'agit d'un **test bilatéral**.
Si le signe de la différence a de l'importance pour l'expérimentateur, on utilise un **test unilatéral**.

[IMPORTANT]

Il existe un seul test bilatéral et souvent deux tests unilatéraux pour un problème posé. Mais il y a des tests pour lesquels la notion d'unilatéral n'a pas de sens.

L'exemple typique pour le test unilatéral est celui de l'efficacité d'un médicament. On a alors :
H_0 : « le nouveau traitement a une efficacité qui ne diffère pas de celle du traitement de référence » ;
H_1 : « le nouveau traitement est plus efficace que le traitement de référence » ; l'effet ne doit pas être négatif.

3. Statistique de test

La statistique de test, notée D, est la variable aléatoire qui permet de prendre la décision.
Sa loi doit être parfaitement déterminée dans au moins une des deux hypothèses, le plus souvent dans H_0.

4. Test significatif

Si le test rejette H_0 et que l'on accepte H_1, on dit que le test est **significatif** au seuil α.

5. *p*-valeur (ou degré de signification, ou de significativité)

La p-valeur notée p, et également appelée valeur de p, est la probabilité d'obtenir la même valeur, ou une valeur encore plus extrême dans la direction de H_1, de la statistique de test si H_0 est vraie.

FICHE MÉTHODE 32

Schéma général de l'utilisation d'un test

1. Choisir le test à utiliser

a. Test de conformité

Voulez-vous comparer une caractéristique d'un caractère étudié de la populaton à une valeur de référence ? Il s'agit alors d'un **test de conformité**.

- Pour comparer la proportion d'un caractère dans une population à une proportion théorique, voir Fiche 33 (proportion).
- Pour comparer la moyenne d'un caractère dans une population à une moyenne théorique, voir Fiche 34 (moyenne).
- Pour comparer la répartition d'une variable dans une population à une répartition théorique, voir Fiche 35 (répartition).

b. Test d'homogénéité

Voulez-vous comparer plusieurs groupes (souvent deux) entre eux ? Il s'agit alors d'un **test d'homogénéité**.

- Pour comparer deux proportions, voir Fiche 36.
- Pour comparer deux moyennes,
  - si les deux échantillons sont indépendants, voir Fiches 37 et 42 ;
  - si les deux échantillons sont appariés, voir Fiches 38 et 42.
- Pour comparer deux variances, voir Fiche 39.
- Pour comparer plusieurs distributions, voir Fiche 40.

c. Test d'indépendance

Pour tester l'indépendance de deux caractères X et Y, voir Fiche 40 s'il s'agit de deux caractères qualitatifs et voir Fiche 41 s'il s'agit de deux caractères quantitatifs.

2. Les hypothèses

a. Hypothèse nulle et hypothèse alternative

Formuler l'hypothèse nulle H_0, toujours du type « pas de différence » ; c'est-à-dire que les différences observées sont suffisamment faibles pour être explicables par les fluctuations d'échantillonnage.

Dans le cas d'un test d'indépendance, H_0 est l'hypothèse d'indépendance des caractères étudiés.
Si le test est bilatéral, l'hypothèse alternative H_1 est (le plus souvent, mais pas toujours) le contraire de H_0.
En général, ce que l'on espère montrer est spécifié dans l'hypothèse alternative, l'hypothèse nulle traduisant l'absence d'effet.
Exemple : quand on dispose de deux médicaments, on formule donc les hypothèses suivantes :
H_0 « les deux médicaments A et B ont la même efficacité » ;
H_1 « le médicament B est plus efficace que le médicament A ».

b. Conditions de fonctionnement

Vous disposez alors d'un théorème du type : « si H_0 est vraie, alors la statistique de test D suit une loi connue ».
Mais il faut souvent vérifier d'abord des hypothèses de fonctionnement du type : grand échantillon, population gaussienne, ...

3. Les zones

On repère la valeur idéale que devrait prendre D, souvent 0, mais parfois 1. On choisit un risque d'erreur α (souvent 0,05 dans les sciences du vivant) et on détermine une zone de probabilité α éloignée de cette valeur idéale. Cette zone est dite **zone de rejet**, ou **critique**. Elle sera tramée ou hachurée dans ce livre.
Dans le cas d'un test unilatéral, cette zone est située d'un seul côté de la valeur idéale, et cette aire vaut alors α.
Dans le cas d'un test bilatéral, cette zone comporte deux aires, chacune égale à $\frac{\alpha}{2}$.
La construction de la zone critique se fait *a priori,* c'est-à-dire avant de connaître le résultat de l'expérience.
La zone complémentaire de la zone critique est la **zone d'acceptation**.

4. La décision

- Dans le cas le plus fréquent, le risque d'erreur α a été choisi et la zone critique précisée.

On détermine alors la valeur numérique d prise par la variable aléatoire D à l'issue de l'expérience. Cette détermination se fait par une formule de calcul dans le cas d'un test paramétrique, par un processus de comptage dans le cas d'un test non paramétrique.

- Si d appartient à la zone de rejet, on décide de rejeter H_0 au bénéfice de H_1.
- Si d n'appartient pas à la zone de rejet, on ne rejette pas H_0, c'est-à-dire qu'on l'accepte. Mais on n'affirme pas que H_0 est vraie car cette décision se fait au risque β. Et il est possible que le non-rejet de H_0 résulte seulement d'une information expérimentale trop limitée.

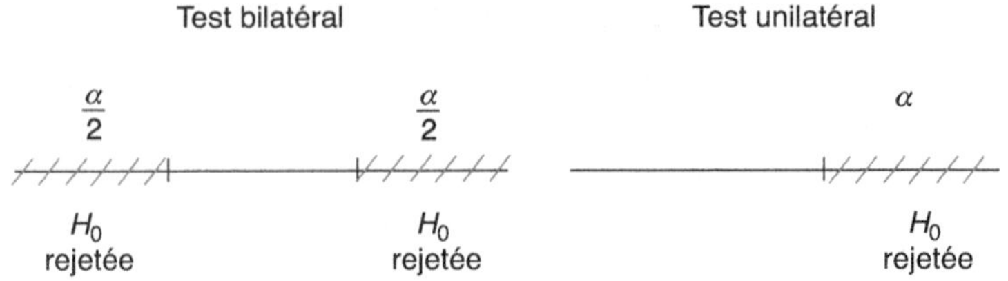

- Il arrive que α ne soit pas choisi *a priori*, et qu'on cherche le risque d'erreur minimum α pour lequel on rejette H_0. Pour ceci, utilisez le dessin des zones et placez la valeur d dans la zone critique, le plus près possible du bord.

On en déduit α et il reste à apprécier si ce risque est acceptable ou non.

5. Les zones dans les cas usuels

a. D suit la loi normale centrée réduite $\mathcal{N}(0 ; 1)$

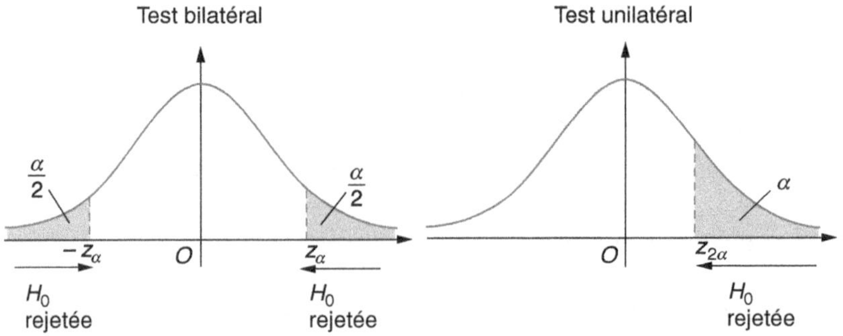

Le nombre z_α du cas bilatéral se lit dans la table 2.
Pour le cas unilatéral, on utilise la même table avec la borne $z_{2\alpha}$.

b. D suit une loi de Student à ν degrés de liberté

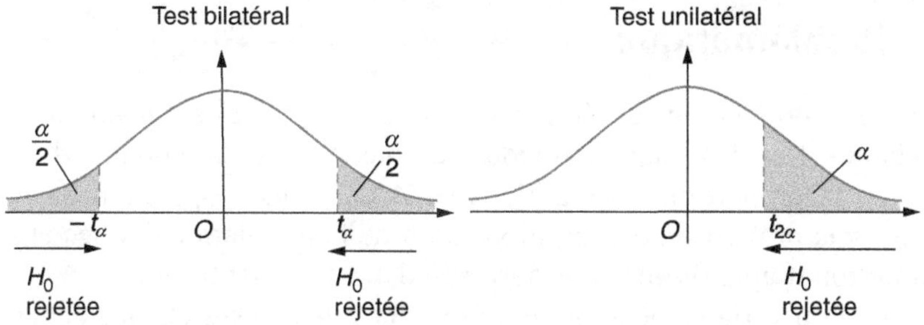

Le nombre t_α du cas bilatéral se lit dans la table 4.
Pour le cas unilatéral, on utilise la même table avec la borne $t_{2\alpha}$ lue dans la colonne 2α.

Comparaison d'une proportion à une norme

1. Problématique

Dans une population, on étudie un caractère qualitatif qui prend deux modalités A et $\bar{A}$. Chaque individu présente, ou non, la modalité A.

Soit π_0 la proportion d'apparitions de A dans une population de référence, π la proportion d'apparitions de A de la population étudiée et p la proportion d'apparitions de A observée dans un échantillon.

Notons P la variable aléatoire qui prend la valeur p sur chaque échantillon de taille n (n est fixé et p varie d'un échantillon à l'autre).

L'hypothèse nulle H_0 peut s'écrire :

- la proportion de la population étudiée, notée π, est conforme à la proportion π_0 de la population de référence ;
- ou encore $H_0 : \pi = \pi_0$.

2. Cas d'un grand échantillon (n ⩾ 30)

a. Théorème

Supposons que l'on puisse approximer la loi binomiale par une loi normale (voir Fiche 23).

Alors, sous l'hypothèse nulle H_0, la variable aléatoire $Z = \dfrac{P - \pi_0}{\sqrt{\dfrac{\pi_0(1-\pi_0)}{n}}}$

suit asymptotiquement la loi normale centrée réduite $\mathcal{N}(0\ ;\ 1)$.

b. Zones

Cas d'un test bilatéral

Dans ce cas (le plus courant), l'hypothèse alternative H_1 est le contraire de H_0, c'est-à-dire que la différence entre π et π_0 est trop importante pour être explicable par les fluctuations d'échantillonnage.

La zone de rejet de l'hypothèse nulle H_0 est alors la réunion de deux intervalles situés de chaque côté par rapport à l'origine.

Cas d'un test unilatéral

Supposons que la proportion p observée sur l'échantillon soit *a priori* supérieure (ou inférieure) à la proportion de référence π (par exemple, on s'attend à ce qu'un médicament soit plus efficace que le médicament de référence, et il ne doit pas être moins efficace). Le signe de z est donc connu *a priori,* par exemple $z > 0$.
La zone de rejet de l'hypothèse nulle H_0 est alors un intervalle situé d'un seul côté par rapport à l'origine.

Graphiques

Voir les graphiques page 106.

c. Calculs et décision

- On calcule pour l'échantillon la réalisation de la variable aléatoire du théorème, soit le nombre $z = \dfrac{p - \pi_0}{\sqrt{\dfrac{\pi_0(1-\pi_0)}{n}}}$.
- Si z appartient à la zone de rejet (en tramé sur le dessin) H_0 est rejetée au seuil α et par conséquent H_1 est acceptée.
- Si z n'appartient pas à la zone de rejet (en blanc sur le dessin) H_0 n'est pas rejetée (et par conséquent acceptée) au seuil α.

d. Variante

Vous pouvez aussi faire un test du χ^2 (voir Fiche 35) avec les deux modalités A et $\overline{A}$, les effectifs observés $k = np$ et $n - k$, et les effectifs théoriques $n\pi$ et $n - n\pi$.
Mais c'est peu intéressant :

- vous ne pouvez pas faire de test unilatéral ;
- les calculs sont plus longs ;
- et, sans ordinateur, vous ne pouvez pas chercher la valeur frontière de α qui permet de rejeter H_0.

Comparaison d'une moyenne à une moyenne de référence

1. Problématique

Dans une population $\mathcal{P}$, on étudie une variable aléatoire X.
On note μ et σ^2 la moyenne et la variance de X dans $\mathcal{P}$.
Le caractère quantitatif X est observé sur un échantillon de taille n issu de la population étudiée. Pour l'échantillon, on calcule sa moyenne $\overline{x}$ et sa variance estimée s^2.
Le problème est de savoir si la moyenne μ de la population $\mathcal{P}$ est différente de la moyenne μ_0 de la population de référence.
L'hypothèse nulle peut s'écrire $H_0 : \mu = \mu_0$.

2. Cas d'un grand échantillon ($n \geqslant 30$)

a. Théorème

Sous l'hypothèse H_0, quelle que soit la loi suivie par X, la variable aléatoire $Z = \dfrac{\overline{X} - \mu}{\dfrac{s}{\sqrt{n}}}$ suit asymptotiquement la loi normale centrée réduite $\mathcal{N}(0\,;1)$.

b. Zones

Voir les graphiques page 106, en fonction de H_1.

c. Calculs et décision

- Avec les mesures prises sur l'échantillon, on calcule $\overline{x}$ et s. Puis on calcule pour l'échantillon la réalisation de la variable aléatoire du théorème : $z = \dfrac{\overline{x} - \mu_0}{\dfrac{s}{\sqrt{n}}}$.
- Si z appartient à la zone de rejet (en tramé sur le dessin), l'hypothèse nulle H_0 est rejetée au seuil α.
- Si z n'appartient pas à la zone de rejet (en blanc sur le dessin), l'hypothèse nulle H_0 n'est pas rejetée (et par conséquent acceptée) au seuil α.

3. Cas d'un petit échantillon extrait d'une population gaussienne

a. Théorème 1 (σ connu)

Si X suit une loi normale, sous l'hypothèse nulle H_0, la variable aléatoire $Z = \dfrac{\overline{X} - \mu}{\dfrac{\sigma}{\sqrt{n}}}$ suit la loi normale centrée réduite $\mathcal{N}(0 ; 1)$.

Comme σ est connu, le test se construit comme dans le cas d'un grand échantillon.

Mais en général σ est inconnu et estimé par s. Dans le cas d'un petit échantillon, en remplaçant σ par s on modifie la nature de la loi suivie par le rapport que l'on vient de calculer.

b. Théorème 2 (σ inconnu)

Sous l'hypothèse nulle H_0, la variable aléatoire $T = \dfrac{\overline{X} - \mu}{\dfrac{s}{\sqrt{n}}}$ suit la loi de Student à $(n - 1)$ degrés de liberté.

c. Zones

Voir les graphiques page 107, en fonction de H_1.

d. Calculs et décision

- Avec les mesures prises sur l'échantillon, on calcule $\overline{x}$ et s. Puis on calcule la réalisation pour l'échantillon de la variable aléatoire du théorème 2 : $t = \dfrac{\overline{x} - \mu}{\dfrac{s}{\sqrt{n}}}$.
- Si t appartient à la zone de rejet (en tramé sur le dessin), l'hypothèse nulle H_0 est rejetée au risque d'erreur α et par conséquent H_1 est acceptée.
- Si t n'appartient pas à la zone de rejet (en blanc sur le dessin), l'hypothèse nulle H_0 n'est pas rejetée (et par conséquent acceptée) au seuil α.

FICHE COURS 35

Adéquation à une loi (test du χ^2)

1. Normalité d'une population

L'hypothèse « supposons que la variable étudiée X suit une loi normale » apparaît dans de nombreux théorèmes. Il faut donc être capable de la vérifier. Pour ceci, on doit disposer d'un grand nombre de mesures réparties en classes.
Voici quelques pistes pour contrôler l'hypothèse. Mais c'est plus pour votre culture personnelle que pour votre concours.

a. Allure de l'histogramme

Avec un tableur ou un logiciel de statistique, on trace l'histogramme des mesures. S'il ressemble à une courbe en cloche, c'est suffisant pour beaucoup de praticiens.
Sinon, on peut essayer d'obtenir une amélioration visuelle en essayant des transformations mathématiques sur les variables, par exemple en remplaçant X par $\ln X$.

b. Vérification graphique

Il existe du papier, dit **gausso-arithmétique**, à quadrillage spécial. On reporte les points dont les x_i sont les bords de droite des intervalles et les y_i les fréquences cumulées associées.
Si les points sont bien alignés, la distribution est gaussienne et la droite obtenue s'appelle la **droite de Henry**.
L'avantage de cette méthode est sa rusticité (simple et peu de matériel nécessaire). Elle permet même de détecter certaines anomalies comme le mélange de deux lois gaussiennes ou le fait que la distribution soit gaussienne et tronquée. Mais il est impossible de connaître le risque d'erreur α associé à la conclusion.

c. Tests évolués

Avec un ordinateur, il existe plusieurs tests qui permettent de conclure sur le caractère gaussien de la distribution au risque α, comme le test de Kolmogorov-Smirnov, ou de Shapiro-Wilk.

Mais ici on choisit un test réalisable avec une calculatrice élémentaire : le test de conformité du χ^2 (qui n'est pas limité au cas d'une distribution gaussienne).

2. Test de conformité du χ^2

a. Problématique

Il s'agit de comparer une distribution théorique (issue d'une population de référence) et une distribution expérimentale (observée sur un échantillon tiré dans la population étudiée).
On définit sur la population étudiée k événements deux à deux incompatibles. Dans le modèle théorique, les probabilités de ces événements sont notées $\pi_1, \ldots, \pi_k$.
Sur un échantillon de taille n, les effectifs observés de ces événements sont notées $O_1, \ldots, O_k$.
Pour pouvoir confronter les observations et le modèle théorique, on détermine les effectifs calculés (ou attendus) $C_i = n\pi_i$ (qui ne sont pas nécessairement des entiers). Il est souvent commode de présenter ces informations à l'aide d'un tableau.
Pour comparer les O_i et les C_i, on calcule une distance, dite distance du χ^2.

b. Mise en place du test

Hypothèse H_0
La distribution de la population étudiée est conforme à la distribution théorique choisie.

Théorème
Sous H_0, la variable aléatoire Q prenant sur tout échantillon de taille n la réalisation :

$$\chi^2_{obs} = \sum_{i=1}^{k} \frac{(O_i - C_i)^2}{C_i}$$

suit la loi du χ^2 à $k - 1$ degrés de liberté.

Remarques
La plupart des auteurs exigent que l'on ait la condition $C_i \geqslant 5$ pour tout i.
Si ce n'est pas le cas, il faut regrouper de façon cohérente des événements jusqu'à ce que la condition soit réalisée.

c. Décision

Le risque d'erreur de première espèce α est fixé. À chaque valeur de v correspond un type de courbe pour la densité de la loi du χ^2.

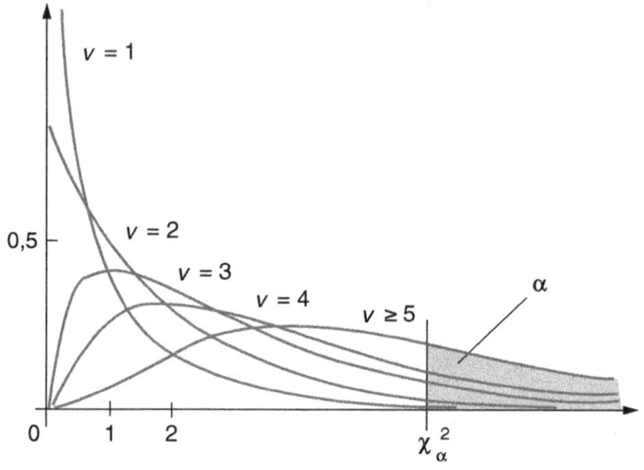

Pour v donné, la table 3 permet de lire la borne χ^2_α telle que : $\mathbb{P}(Q \geqslant \chi^2_\alpha) = \alpha$.

Si $\chi^2_{obs} \geqslant \chi^2_\alpha$, on rejette l'hypothèse H_0 au seuil α et par conséquent on accepte H_1.

Si $\chi^2_{obs} < \chi^2_\alpha$, on ne peut pas rejeter l'hypothèse H_0 au seuil α.

Comparaison de deux proportions

1. Problématique

Dans deux populations $\mathcal{P}_1$ et $\mathcal{P}_2$ indépendantes, on étudie le même caractère à deux modalités A et $\bar{A}$. Chaque individu présente, ou non, la modalité A.
Les proportions d'apparition de A dans les populations sont les nombres (inconnus) π_1 et π_2.
Des deux populations, on extrait deux échantillons S_1 et S_2 de tailles respectives n_1 et n_2, dans lesquels les proportions observées de A sont, respectivement, $p_1 = \frac{k_1}{n_1}$ et $p_2 = \frac{k_2}{n_2}$.
Le problème est de savoir si la différence entre p_1 et p_2 est liée à une différence entre les populations, ou au contraire si elle est explicable par les seuls hasards du tirage au sort.
Notons P_1 et P_2 les variables aléatoires qui prennent les valeurs p_1 et p_2 sur chaque échantillon de tailles n_1 et n_2.
L'hypothèse nulle s'écrit : $H_0 : \pi_1 = \pi_2 = \pi$.

2. Cas de grands échantillons ($n_1 \geqslant 30$ et $n_2 \geqslant 30$)

a. Théorème

Supposons que l'on puisse approximer les lois binomiales par des lois normales (voir Fiche 23). Alors, sous l'hypothèse nulle H_0, la variable aléatoire :

$$Z = \frac{P_1 - P_2}{\sqrt{\frac{\pi(1-\pi)}{n_1} + \frac{\pi(1-\pi)}{n_2}}}$$

suit asymptotiquement la loi normale centrée réduite $\mathcal{N}(0\ ;\ 1)$.

b. Estimation de π

Sous l'hypothèse H_0, on peut réunir les deux échantillons. On peut estimer π par la fréquence observée sur cette réunion :

$$\hat{\pi} = \frac{k_1 + k_2}{n_1 + n_2} = \frac{n_1 p_1 + n_2 p_2}{n_1 + n_2}$$

et le théorème précédent reste inchangé en remplaçant π par $\hat{\pi}$.

c. Zones

Voir les graphiques page 106, en fonction de H_1.

d. Calculs et décision

- On calcule sur l'échantillon la réalisation de la variable aléatoire du théorème :

$$z = \frac{p_1 - p_2}{\sqrt{\hat{\pi}(1-\hat{\pi})\left(\frac{1}{n_1} + \frac{1}{n_2}\right)}}.$$

- Si z appartient à la zone de rejet (en tramé sur le dessin), H_0 est rejetée au seuil α et par conséquent H_1 est acceptée.
- Si z n'appartient pas à la zone de rejet (en blanc sur le dessin), H_0 n'est pas rejetée (et par conséquent acceptée) au seuil α.

e. Variante avec un test du χ^2

Vous pouvez aussi faire un test d'homogénéité du χ^2 (voir Fiche 38) en partant du tableau ci-dessous :

	A	$\bar{A}$	totaux
S_1	k_1	$n_1 - k_1$	n_1
S_2	k_2	$n_2 - k_2$	n_2

[ATTENTION]

Si vous choisissez le test du χ^2, vous ne pouvez pas traiter le cas unilatéral.

3. Cas de petits échantillons : test exact de Fisher

a. Calculs

On part du tableau :

	A	$\overline{A}$	totaux
S_1	a	b	m_1
S_2	c	d	m_2
totaux	n_1	n_2	n

En utilisant une loi non présentée dans ce livre (la loi hypergéométrique), on associe à ce tableau la probabilité :

$$\frac{n_1!\, n_2!\, m_1!\, m_2!}{n!a!b!c!d!}.$$

où la notation ! (lire factorielle n) est définie pour $n \in \mathbb{N}$ par $0! = 1$; si $n \geqslant 1$ $n!$ = produit des n premiers nombres entiers.

[ATTENTION]

Regardez bien :

- au numérateur un produit de quatre factorielles associées aux marges du tableau,
- au dénominateur un produit de cinq factorielles associées aux cases intérieures et au total général.

On calcule les mêmes probabilités pour tous les tableaux encore plus défavorables à l'hypothèse nulle H_0, et obtenus en conservant les mêmes totaux marginaux.
En additionnant ces probabilités, on obtient une probabilité p.

b. Décision

Un risque d'erreur de première espèce α étant choisi,
si $p \leqslant \alpha$, on rejette H_0 au seuil α et on accepte H_1,
si $p > \alpha$, on ne rejette pas H_0 au seuil α.

4. Cas de populations appariées : test de Mac Nemar

a. Problématique

Il s'agit encore de comparer deux proportions relatives à une modalité A, c'est-à-dire de tester :

$$H_0 : \pi_1 = \pi_2 \quad H_1 : \pi_1 \neq \pi_2.$$

Mais ici, les deux populations sont appariées.

Les paires concordantes AA et $\overline{AA}$ ne fournissent aucune information sur la différence des populations. On s'intéresse aux paires discordantes :

$A\bar{A}$ observée a fois ;

$\bar{A}A$ observée b fois.

Le test revient à comparer la proportion observée de $A\bar{A}$ (par exemple), Soit $p = \frac{a}{a+b}$ à la proportion théorique $\pi = \frac{1}{2}$ qui découle de l'hypothèse nulle H_0.

Dans le théorème d'approximation d'une loi binomiale par une loi normale (voir Fiche 23), on calcule donc :

$$z = \frac{\frac{a}{a+b} - \frac{1}{2}}{\sqrt{\frac{1}{2} \times \frac{1}{2} \times \frac{1}{a+b}}} = \frac{a-b}{\sqrt{a+b}}.$$

b. Zones

Voir les graphiques page 106, en fonction de H_1.

c. Décision

- Si z appartient à la zone de rejet (en tramé sur le dessin), H_0 est rejetée au seuil α et par conséquent H_1 est acceptée.
- Si z n'appartient pas à la zone de rejet (en blanc sur le dessin), H_0 n'est pas rejetée (et par conséquent acceptée) au seuil α.

[IMPORTANT]

Comme $Q = Z^2$ suit la loi du χ^2 à 1 degré de liberté, on peut aussi utiliser un test du χ^2 (voir Fiche 35) avec $Q = z^2 = \frac{(a-b)^2}{a+b}$.

Comparaison de deux moyennes (populations indépendantes)

FICHE COURS 37

1. Problématique

Dans deux populations $\mathcal{P}_1$ et $\mathcal{P}_2$ indépendantes, on étudie une variable aléatoire X. On note (valeurs théoriques inconnues) :
μ_1 et σ_1 la moyenne et l'écart type de X dans $\mathcal{P}_1$,
μ_2 et σ_2 la moyenne et l'écart type de X dans $\mathcal{P}_2$.
De $\mathcal{P}_1$, on extrait un échantillon de taille n_1, pour lequel on calcule sa moyenne $\overline{x_1}$ et sa variance estimée s_1^2.
De P_2, on extrait un échantillon de taille n_2, pour lequel on calcule sa moyenne $\overline{x_2}$ et sa variance estimée s_2^2.
Le problème est de savoir si les moyennes des deux populations sont différentes, ou si la différence des moyennes des échantillons est explicable par les seules fluctuations d'échantillonnage.
L'hypothèse nulle H_0 peut s'écrire $H_0 : \mu_1 = \mu_2$.
Pour l'hypothèse alternative H_1, on choisira parmi les deux possibilités :
$H_1 : \mu_1 \neq \mu_2$ (test bilatéral) ou ;
$H_1 : \mu_1 > \mu_2$ (ou $\mu_1 < \mu_2$) si le signe de $\mu_1 - \mu_2$ est attendu a *priori* (test unilatéral).

2. Cas de grands échantillons ($n_1 \geqslant 30$ et $n_2 \geqslant 30$)

a. Théorème

Sous l'hypothèse nulle H_0, quelle que soit la loi suivie par X, la variable aléatoire $Z = \dfrac{\overline{X_1} - \overline{X_2}}{\sqrt{\dfrac{\sigma_1^2}{n_1} + \dfrac{\sigma_2^2}{n_2}}}$ suit asymptotiquement la loi normale $\mathcal{N}(0\,;1)$.

D'autre part, dans le cas de grands échantillons, la conclusion est inchangée quand on remplace les valeurs inconnues σ_1^2 et σ_2^2 par les valeurs estimées s_1^2 et s_2^2.

b. Zones

Voir les graphiques page 106, en fonction de H_1.

c. Calculs et décision

- Avec les mesures prises sur les deux échantillons, on calcule la réalisation de la variable aléatoire du théorème, soit :

$$z = \frac{\overline{x_1} - \overline{x_2}}{\sqrt{\dfrac{s_1^2}{n_1} + \dfrac{s_2^2}{n_2}}}.$$

- Si z appartient à la zone de rejet (en tramé sur le dessin), H_0 est rejetée au seuil α et par conséquent H_1 est acceptée.
- Si z n'appartient pas à la zone de rejet (en blanc sur le dessin), H_0 n'est pas rejetée (et par conséquent acceptée) au seuil α.

3. Cas de petits échantillons extraits de populations gaussiennes

a. Nouvelles hypothèses

On suppose ici que X suit une loi normale dans $\mathcal{P}_1$ et dans $\mathcal{P}_2$ et que $\sigma_1^2 = \sigma_2^2 = \sigma^2$.
Cette dernière condition d'égalité des variances doit faire l'objet d'un test de Fisher (voir Fiche 39).
La variable aléatoire utilisée dans le paragraphe précédent devient alors :

$$Z = \frac{\overline{X_1} - \overline{X_2}}{\sqrt{\sigma^2\left(\dfrac{1}{n_1} + \dfrac{1}{n_2}\right)}}.$$

Mais on ne connaît pas σ^2. On l'estime par :

$$\hat{\sigma}^2 = \frac{(n_1 - 1)s_1^2 + (n_2 - 1)s_2^2}{n_1 + n_2 - 2}.$$

b. Théorème

Sous H_0, si X suit une loi normale dans $\mathcal{P}_1$ et dans $\mathcal{P}_2$, et si $\sigma_1^2 = \sigma_2^2 = \sigma^2$, alors la variable aléatoire $T = \dfrac{\overline{X_1} - \overline{X_2}}{\sqrt{\hat{\sigma}^2\left(\dfrac{1}{n_1} + \dfrac{1}{n_2}\right)}}$ suit la loi de Student à $n_1 + n_2 - 2$ degrés de liberté.

c. Zones

Voir les graphiques page 107, en fonction de H_1.

d. Calculs et décision

- Avec les mesures qui constituent les deux échantillons, on calcule la valeur prise par la variable aléatoire du théorème, soit :

$$t = \frac{\overline{x_1} - \overline{x_2}}{\sqrt{\hat{\sigma}^2\left(\dfrac{1}{n_1} + \dfrac{1}{n_2}\right)}}.$$

- Si t appartient à la zone de rejet (en tramé sur le dessin), H_0 est rejetée au seuil α et par conséquent H_1 est acceptée.
- Si t n'appartient pas à la zone de rejet (en blanc sur le dessin), H_0 n'est pas rejetée (et par conséquent acceptée) au seuil α.

Remarque

Pour le cas de petits échantillons extraits de populations inconnues, voir Fiche 42.

FICHE COURS 38

Comparaison de deux moyennes (populations appariées)

1. Problématique

Deux séries de mesure sont dites **appariées** lorsque chaque mesure x_{i1} de la première série est associée à une valeur x_{i2} de la seconde série (appariés = associés par paires). Par exemple, les deux séries de mesure peuvent être obtenues sur un groupe de malades avant un traitement et sur le même groupe de malades après ce traitement. On construit donc un échantillon de patients à partir de cette population, échantillon sur lequel deux séries de mesure sont appariées.

Par conséquent deux échantillons appariés ont la même taille n.

Le problème est de savoir si la moyenne μ_1 est égale à la moyenne μ_2.

Les hypothèses à tester sont :

$H_0 : \mu_1 = \mu_2$;

ou $H_1 : \mu_1 \neq \mu_2$ si le test est bilatéral,

$\mu_1 > \mu_2$ (ou $\mu_1 < \mu_2$) si le test est unilatéral.

2. Mise en place du test

On calcule les n différences $d_i = x_{i1} - x_{i2}$.

L'échantillon $\{d_1, \ldots, d_n\}$ a pour moyenne $\overline{d}$ et pour variance estimée s_d^2. Sous l'hypothèse H_0, la variable aléatoire $D = \overline{X}_1 - \overline{X}_2$ doit avoir une moyenne nulle.

On est donc ramené à la comparaison d'une moyenne expérimentale $\overline{d}$ à une moyenne égale à 0, ce qui figure dans la Fiche 34.

3. Cas $n \geqslant 30$

a. Théorème

Si $n \geqslant 30$, la variable aléatoire $Z = \dfrac{\overline{D} - 0}{\frac{s_d}{\sqrt{n}}}$ suit asymptotiquement $\mathcal{N}(0 ; 1)$.

b. Zones

Voir les graphiques page 106, en fonction de H_1.

c. Calculs et décision

- On calcule la valeur prise par la variable aléatoire du théorème, soit :

$$z = \frac{\overline{d} - 0}{\frac{s_d}{\sqrt{n}}}.$$

- Si z appartient à la zone de rejet (en tramé sur le dessin), H_0 est rejetée au seuil α et par conséquent H_1 est acceptée.
- Si z n'appartient pas à la zone de rejet (en blanc sur le dessin), H_0 n'est pas rejetée (et par conséquent acceptée) au seuil α.

4. Cas $n \leqslant 30$ et populations gaussiennes

a. Théorème

$T = \frac{\overline{D} - 0}{\frac{s_d}{\sqrt{n}}}$ suit alors la loi de Student à $(n - 1)$ degrés de liberté.

b. Zones

Voir les graphiques page 107, en fonction de H_1.

c. Calculs et décision

- On calcule sur échantillon la réalisation de la variable aléatoire du théorème :

$$t = \frac{\overline{d} - 0}{\frac{s_d}{\sqrt{n}}}.$$

- Si t appartient à la zone de rejet (en tramé sur le dessin), H_0 est rejetée au seuil α et par conséquent H_1 est acceptée.
- Si t n'appartient pas à la zone de rejet (en blanc sur le dessin), H_0 n'est pas rejetée (et par conséquent acceptée) au seuil α.

Remarque

Pour le cas $n \leqslant 30$ et populations inconnues, voir Fiche 42.

FICHE COURS 39

Comparaison de deux variances (populations indépendantes)

1. Problématique

Dans deux populations $\mathcal{P}_1$ et $\mathcal{P}_2$ indépendantes, on étudie une variable aléatoire X. On note (valeurs théoriques inconnues) :
μ_1 et σ_1 la moyenne et l'écart type de X dans $\mathcal{P}_1$,
μ_2 et σ_2 la moyenne et l'écart type de X dans $\mathcal{P}_2$.
De $\mathcal{P}_1$, on extrait un échantillon de taille n_1, pour lequel on calcule sa moyenne $\overline{x_1}$ et sa variance estimée s_1^2.
De P_2, on extrait un échantillon de taille n_2, pour lequel on calcule sa moyenne $\overline{x_2}$ et sa variance estimée s_2^2.
Les échantillons sont supposés indépendants. Le problème est de savoir si les variances des deux populations diffèrent, ou pas.
L'hypothèse nulle H_0 s'écrit donc : $H_0 : \sigma_1^2 = \sigma_2^2$.

2. Mise en place du test et décision

a. Théorème

Si les deux populations sont gaussiennes, sous l'hypothèse H_0, la variable aléatoire $F = \dfrac{S_1^2}{S_2^2}$ suit la loi de Fisher-Snedecor à $(n_1 - 1 ; n_2 - 1)$ degrés de liberté.

b. Lois de Snedecor

Une loi de Snedecor (ou Fisher-Snedecor) est une loi de probabilité continue dont la densité est nulle pour $x < 0$, et dépend de deux paramètres appelés degrés de liberté (attention, ces paramètres sont ordonnés : en les permutant on obtient une autre loi de Snedecor).
Le risque de première espèce α étant fixé, les tables permettent de déterminer les valeurs critiques f'_α et f_α telles que :

$\mathbb{P}(f'_\alpha < F < f_\alpha) = 1 - \alpha$

avec $\mathbb{P}(F \leqslant f'_\alpha) = \dfrac{\alpha}{2}$

et $\mathbb{P}(F \geqslant f_\alpha) = \dfrac{\alpha}{2}$.

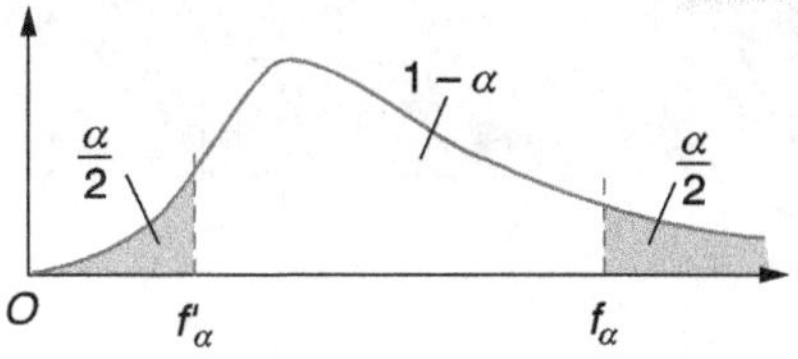

En fait, les tables fournisent seulement f_α. On peut obtenir f'_α en sachant que si F suit la loi de Snedecor à $(n_1 - 1, n_2 - 1)$ degrés de liberté, alors $\dfrac{1}{F}$ suit la loi de Snedecor à $(n_2 - 1 \,;\, n_1 - 1)$ degrés de liberté.

Mais la connaissance de f'_α n'est pas nécessaire avec la règle de décision qui suit.

c. Décision

Comme les tables de Fisher-Snedecor ne comportent que des valeurs supérieures à 1, on permute si nécessaire les deux échantillons de sorte que $\dfrac{s_1^2}{s_2^2} \geqslant 1$.

[ATTENTION]

Si vous avez permuté les variances estimées, n'oubliez pas de permuter les degrés de liberté : le premier degré de liberté est toujours associé au numérateur.

Puis on compare $\dfrac{s_1^2}{s_2^2}$ à f_α.

Si $\dfrac{s_1^2}{s_2^2} < f_\alpha$, on ne peut pas rejeter H_0 au seuil α.

Si $\dfrac{s_1^2}{s_2^2} \geqslant f_\alpha$, on rejette H_0 avec un risque d'erreur α de se tromper.

Attention, comparez les graphiques du test et la légende graphique des tables disponibles.

Si le risque du test est $\alpha = 0{,}05$, vous devez lire dans la Table 5 où la surface à droite de la borne de décision est 0,025.

La loi de Fischer-Snedecor a d'autres usages, ce qui explique la distorsion apparente entre le risque de ce test et le titre de la table.

FICHE COURS 40

Liaison entre deux caractères qualitatifs (test du χ^2)

1. Problématique

a. Deux points de vue, un seul problème

Sur la population, on considère un caractère qui peut prendre k modalités $A_1, \ldots, A_k$ (ou k classes). On dispose de l échantillons $\mathcal{S}_1, \ldots, \mathcal{S}_1$ provenant de la population.
On peut donc dire que l'on a l distributions expérimentales dont on souhaite tester l'homogénéité.
On peut aussi considérer $A_1, \ldots, A_k$ comme les modalités d'un caractère qualitatif et $\mathcal{S}_1, \ldots, \mathcal{S}_1$ comme les modalités d'un autre caractère qualitatif. Dans ce cas, on souhaite tester l'indépendance des deux caractères qualitatifs.
Ces deux points de vue peuvent conduire à des justifications différentes. Mais, en fait, ils se rejoignent et ils se traitent de la même façon.

b. Notations

Pour tout $i \in \{1, \ldots, k\}$ et pour tout $j \in \{1, \ldots, l\}$, on connaît O_{ij} effectif observé de la valeur A_i dans l'échantillon $\mathcal{S}_j$.

On note $n = \sum_{j=1}^{l}\sum_{i=1}^{k} O_{ij}$ l'effectif total des échantillons.

2. Test du χ^2 (homogénéité ou indépendance)

a. Mise en place du test

Hypothèse H_0
Il n'y a pas de différence de répartition entre les deux populations.
Ou selon l'autre point de vue : les deux caractères étudiés sont indépendants.
Calcul des effectifs théoriques sous H_0
Après avoir reporté les effectifs observés dans un tableau, on fait les totaux en lignes et les totaux en colonnes et l'effectif théorique de

Statistique inférentielle

chaque case est calculé par la formule :

$$C_{ij} = \frac{\text{effectif de la ligne } i \times \text{effectif de la colonne } j}{\text{effectif total}}.$$

Théorème

Sous l'hypothèse H_0, la variable aléatoire Q prenant sur chaque échantillon de taille n la valeur calculée :

$$\chi^2_{obs} = \sum_{j=1}^{l}\sum_{i=1}^{k}\frac{(O_{ij} - C_{ij})^2}{C_{ij}}$$

suit la loi du χ^2 à $v = (k-1)(l-1)$ degrés de liberté.

[ATTENTION]

On exige en général que $C_{ij} \geq 5$ pour tout i et pour tout j. Si ce n'est pas le cas, on fait des regroupements.
Faites bien attention à ne pas confondre avec la fiche 35 (test de conformité) car les degrés de liberté ne sont pas les mêmes.

b. Décision

Le risque d'erreur de première espèce α étant fixé et v étant connu, on lit dans la Table 3 la valeur χ^2_α telle que $\mathbb{P}(Q \geqslant \chi^2_\alpha) = \alpha$.

Si $\chi^2_{obs} < \chi^2_\alpha$, l'hypothèse nulle H_0 ne peut pas être rejetée au seuil α.

Si $\chi^2_{obs} \geq \chi^2_\alpha$, l'hypothèse nulle H_0 est rejetée au seuil α et par conséquent l'hypothèse alternative H_1 est acceptée.

FICHE COURS 41

Liaison entre deux caractères quantitatifs

1. Problématique

Sur une population, on considère deux caractères quantitatifs X et Y, et on veut tester leur indépendance linéaire, c'est-à-dire :
H_0 : absence de corrélation linéaire entre X et Y.
Pour ceci, on dispose de n couples (x_i, y_i) de valeurs de X et de Y déterminées simultanément. On calcule leur coefficient de corrélation linéaire r (voir Fiche 11) et on est conduit à comparer cette valeur observée avec la valeur théorique $\rho(X,Y) = 0$ qu'on aurait en cas d'indépendance.
Dans ce livre, on se limite au cas gaussien. Sinon il faudrait utiliser un test non paramétrique : le test de Spearman ou le test de Kendall.

2. Théorème

Désignons par R la variable aléatoire qui correspond à r.
Dans le cas où le couple (X, Y) suit une loi normale à deux dimensions, si H_0 est vraie, alors $T = \dfrac{R\sqrt{n-2}}{\sqrt{1-R^2}}$ suit une loi de Student à $n - 2$ degrés de liberté.

On peut donc calculer la valeur $t = \dfrac{r\sqrt{n-2}}{\sqrt{1-r^2}}$ et la comparer avec la valeur critique t_α lue dans la Table 4.

3. Utilisation pratique

Le théorème précédent a permis d'établir la Table 7, qui donne directement la borne r_α telle que $\mathbb{P}(|R| \geqslant r_\alpha) = \alpha$.

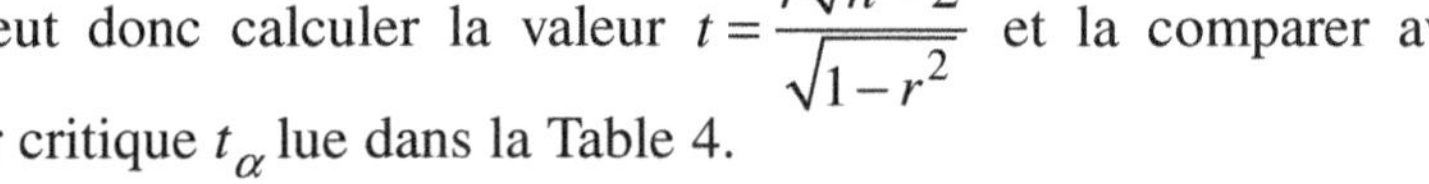

Si r appartient à la zone hachurée, on rejette H_0 au seuil α et on accepte H_1 ; sinon on ne peut pas rejeter H_0 au seuil α.

Tests non paramétriques

FICHE COURS 42

Les deux tests qui suivent sont des tests de comparaison de lois en étudiant le décalage global des valeurs de deux séries.
Mais ils s'utilisent dans les conditions où l'on aurait utilisé un test de comparaison de moyennes en situation paramétrique. Ils serviront donc à comparer deux moyennes dans les cas non couverts par les tests déjà vus, successivement dans le cas de populations indépendantes, puis appariées.
On a choisi des noms simplificateurs : le premier s'appelle aussi test de Mann-Whitney-Wilcoxon car Wilcoxon y a contribué. Le second s'appelle alors : test de Wilcoxon pour séries appariées.

1. Test de Mann et Whitney

a. Problématique

On veut comparer les lois $\mathcal{L}_1$ et $\mathcal{L}_2$ dans le cas de deux populations à l'aide de deux échantillons indépendants de petites tailles n_1 et n_2.
Pour tester l'hypothèse nulle $H_0 : \mathcal{L}_1 = \mathcal{L}_2$, on utilise alors un test non-paramétrique où les valeurs observées sont remplacées par des rangs.
La statistique du test s'élabore par un processus à partir des rangs, et non par une formule. On peut aussi ne disposer que de rangs, par exemple des classements de préférences en psychologie.

b. Calcul de la variable de décision

On classe par ordre croissant l'ensemble des valeurs des deux échantillons $\mathcal{S}_1$ et $\mathcal{S}_2$, en repérant l'origine de chaque valeur par exemple en utilisant deux couleurs.
On affecte à chaque valeur de $\mathcal{S}_1$ U $\mathcal{S}_2$ son rang dans ce classement. S'il y a des ex-aequo, on attribue à chacun un rang égal à la moyenne des rangs qu'ils occupent. Par exemple, s'il y a deux quatrième ex-aequo, on attribue à chacun le rang 4,5.
Pour tout élément x_i de $\mathcal{S}_1$, on compte le nombre d'éléments de $\mathcal{S}_2$ situés après x_i, en comptant pour 0,5 tout élément de $\mathcal{S}_2$ ex-aequo avec x_i. On note m_1 la somme de toutes les valeurs ainsi associées à tous les éléments de $\mathcal{S}_1$.

On définit de même m_2 en permutant les rôles de $\mathcal{S}_1$ et de $\mathcal{S}_2$.
Puis on pose $m = \min\{m_1, m_2\}$, c'est-à-dire que m est la plus petite des deux valeurs m_1 et m_2 obtenues.

[IMPORTANT]

Vérifiez toujours que : $m_1 + m_2 = n_1 n_2$.

On peut aussi obtenir m_1 et m_2 de la façon suivante : soit r_1 et r_2 la somme des rangs des valeurs de chacun des deux échantillons. En cas d'ex-aequo, les rangs sont déterminés comme indiqués ci-dessus. On a :

$$m_1 = n_1 n_2 + \frac{n_1(n_1+1)}{2} - r_1 \quad \text{et} \quad m_2 = n_1 n_2 + \frac{n_2(n_2+1)}{2} - r_2.$$

c. Décision

Soit M la variable aléatoire qui prend la valeur m à l'issue de l'expérience aléatoire.
Les Tables 8 et 9 donnent, en fonction de n_1, n_2 et α, la valeur m_α telle que, sous H_0, on ait $\mathbb{P}(M \leqslant m_\alpha)$ dans les cas $\alpha = 0{,}05$ et $\alpha = 0{,}01$.

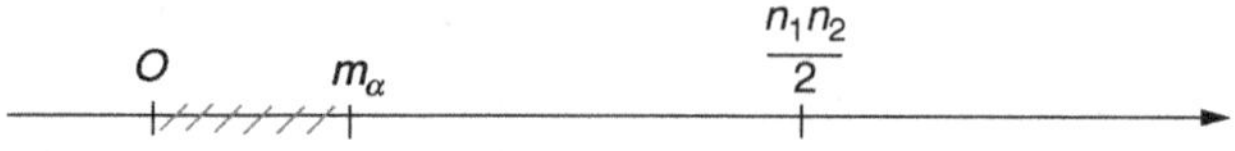

Si $m \leqslant m_\alpha$, on rejette l'hypothèse nulle H_0 avec au seuil α et par conséquent l'hypothèse alternative H_1.
Si $m > m_\alpha$, on ne rejette pas H_0 au seuil α.

[ATTENTION]

Il y a des variantes qui n'aboutissent pas toutes à la même valeur pour la variable de décision. Mais les tables disponibles sont alors adaptées.

2. Test de Wilcoxon

a. Problématique

On veut comparer les lois de distribution $\mathcal{L}_1$ et $\mathcal{L}_2$ d'un caractère quantitatif d'une population, lois estimées par deux séries de mesures appariées obtenues sur un échantillon extrait de la population d'étude.

Pour tester l'hypothèse nulle $H_0 : \mathcal{L}_1 = \mathcal{L}_2$, on utilise alors un test non-paramétrique où les valeurs observées sont remplacées par des rangs.
La statistique du test s'élabore par un processus à partir des rangs, et non par une formule.

b. Calcul de la variable de décision

Comme dans les cas paramétriques (voir Fiche 38), on commence par calculer les différences entre les valeurs appariées. Puis on supprime les différences nulles (ce qu'il ne fallait pas faire dans le cas d'un test paramétrique). On note N le nombre de différences non nulles.
On ordonne ces différences par ordre croissant des valeurs absolues, sans perdre le signe même s'il n'intervient pas dans ce classement.
On affecte à chaque différence son rang dans ce classement. S'il y a des ex-aequo, on attribue à chacun un rang égal à la moyenne des rangs provisoires qu'ils occupent.
On calcule w_+ somme des rangs des différences positives et w_- somme des rangs des différences négatives.

[IMPORTANT]

Vérifiez toujours que : $w_+ + w_- = \dfrac{N(N+1)}{2}$.

Puis on pose $w = \min\{w_+, w_-\}$, c'est-à-dire que w est la plus petite des deux valeurs w_+ et w_- obtenues.

c. Décision

Soit W la variable aléatoire qui prend la valeur w à l'issue de l'expérience aléatoire.
La Table 10 donne, en fonction de N, la valeur w_α telle que, sous H_0, on ait $\mathbb{P}(W \leqslant w_\alpha)$ dans les cas $\alpha = 0{,}05$ et $\alpha = 0{,}01$.

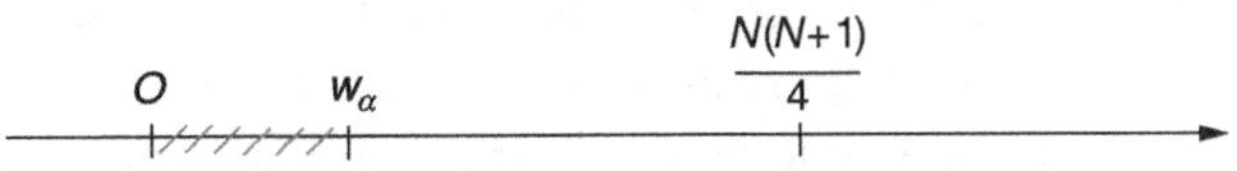

Si $w \leqslant w_\alpha$, on rejette l'hypothèse nulle H_0 au seuil α et on accepte H_1.
Si $w > w_\alpha$, on ne rejette pas H_0 au seuil α.

FICHE QCM 43

Entraînement sur la Statistique inférentielle

Énoncés

Pour chaque QCM, cochez la (ou les) réponse(s) exacte(s).

1. Quand on choisit de diminuer le risque α, l'intervalle de confiance d'un paramètre θ :

❑ **a.** devient plus grand ; ❑ **b.** devient plus petit ;

❑ **c.** ne change pas ;

❑ **d.** on peut conserver le même intervalle ;

❑ **e.** on ne peut pas répondre.

2. Quand on veut améliorer la précision d'une estimation par intervalle de confiance d'un paramètre θ, c'est-à-dire diminuer l'amplitude de l'intervalle :

❑ **a.** on accepte un risque plus grand ;

❑ **b.** on accepte un risque plus petit ;

❑ **c.** on ne change pas le risque ;

❑ **d.** on peut conserver le même risque en augmentant la taille de l'échantillon ;

❑ **e.** on ne peut pas répondre.

3. *(D'après concours PACES Grenoble)*

Le degré de signification (*p*-value) d'un test statistique :

❑ **a.** est la probabilité d'observer, sous l'hypothèse nulle H_0, une valeur absolue du test au moins aussi grande que celle calculée.

❑ **b.** est fixé à 5 % (0,05) en santé et biologie.

❑ **c.** correspond à la puissance du test statistique.

❑ **d.** est lu sur une table après avoir calculé la valeur du test.

❑ **e.** Tous les items précédents sont faux.

4. *(D'après concours PACES Paris 6)*

Dans un échantillon aléatoire de 34 internes en chirurgie, 19 ont rapporté avoir pratiqué les jeux vidéo au moins 1 h par semaine pendant une durée moyenne de 8 ans (« les joueurs »). Les 15 autres n'avaient pas d'expérience importante du jeu vidéo (« les non joueurs »). On arrondira les résultats au % près.

❑ **a.** Il y avait 95 % des chances que le pourcentage de joueurs observé (19/34) soit dans l'intervalle [39 % ; 73 %].

❑ **b.** L'intervalle de pari sur le pourcentage de joueurs est centré sur 56 %.

❑ **c.** Il y a 95 % des chances que le pourcentage de joueurs dans la population des internes en chirurgie soit dans l'intervalle [39 % ; 73 %].

❑ **d.** La valeur 50 % est incluse dans l'intervalle de pari sur le pourcentage de joueurs dans la population des internes en chirurgie.

❑ **e.** Dans la population des internes en chirurgie, on a 56 % de joueurs.

QCM n°5 et 6 : *(D'après concours PACES Paris-Est Créteil)*
Le baclofène, médicament ancien indiqué dans le traitement des contractures musculaires, a été rapporté récemment efficace pour diminuer la consommation d'alcool chez quelques malades alcoolo-dépendants. Une équipe collige les résultats des malades qui ont été traités par Baclofène et ceux traités par Aotal, médicament de référence.

Après 6 mois de traitement, parmi les 32 malades traités par Baclofène, 10 étaient abstinents et 12 avaient une consommation raisonnable ; parmi les 75 malades traités par Aotal, 21 étaient abstinents et 4 avaient une consommation raisonnable.

5. Considérant l'obtention d'une abstinence, que peut-on conclure?

❑ **a.** Les deux produits ont le même effet puisque $\chi^2 = 0{,}115$.

❑ **b.** Le baclofène ne guérit pas plus de l'alcoolo-dépendance que l'aotal.

❑ **c.** On ne peut pas comparer les résultats car il s'agit d'une étude observationnelle.

❑ **d.** On ne met pas en évidence de différence entre les deux produits.

❑ **e.** Les conditions pour faire le calcul ne sont pas respectées.

6. Considérant l'arrêt d'une consommation excessive (abstinence ou consommation raisonnable), que peut-on conclure?

❑ **a.** Les conditions pour faire le calcul ne sont pas respectées.

❑ **b.** La prise de baclofène est associée à un taux plus élevé d'arrêt de consommation excessive avec $p < 0{,}01$ mais $p > 0{,}001$.

❑ **c.** La prise de baclofène est associée à un taux plus élevé d'arrêt de consommation excessive avec $p > 0{,}001$.

❑ **d.** Le baclofène diminue significativement la consommation d'alcool car $\chi^2 = 11{,}4$.

❑ **e.** On ne peut rien conclure de cette étude observationnelle.

7. *(D'après concours PACES Paris 6)*

On se demande si le port du casque lors de déplacement en vélo est associé à une augmentation de la vitesse à vélo. Un échantillon aléatoire de 60 sujets est chronométré sans port de casque, puis avec port de casque. La vitesse moyenne augmente de 3 km.h^{-1} « avec casque » par rapport à » sans casque » et l'écart type de la différence de vitesse est de 11 km.h^{-1}. **Cochez la bonne réponse.**

❑ **a.** On ne met pas en évidence d'augmentation de vitesse « avec casque » par rapport à « sans casque ».

❑ **b.** Le test de comparaison des vitesses « avec casque » et « sans casque » ne peut pas être réalisé car il manque une information pour faire le calcul.

❑ **c.** On doit supposer que la vitesse « avec casque » et « sans casque » est distribuée normalement pour pouvoir faire le test de comparaison.

❑ **d.** Le degré de signification du test est 0,02.

❑ **e.** Le degré de signification du test est 0,04.

8. *(D'après concours PACES Strasbourg)*

On constitue deux groupes de sujets par tirage au sort avec une pièce de monnaie. Les groupes ainsi formés ont 70 et 30 sujets. Le risque est choisi $\alpha = 0{,}05$.

❑ **a.** La pièce de monnaie est probablement truquée.

❑ **b.** La valeur du χ^2 est 8.

❑ **c.** La valeur du χ^2 est 16.

❑ **d.** La valeur du z est 8.

❑ **e.** Il faut utiliser un χ^2 pour séries appariées.

QCM n°9 à 12 : (D'après concours PACES Paris 7)
On s'intéresse à la vaccination contre la grippe du personnel soignant (médecins, étudiants en médecine, infirmiers et aide-soignants) dans différents hôpitaux en France. On considère que la couverture vaccinale, définie comme le pourcentage du personnel soignant vacciné contre la grippe, est satisfaisante dans un hôpital si elle est supérieure à 70.

9. Durant l'hiver 2014, dans 100 hôpitaux représentatifs en France, on réalise une enquête et on mesure la couverture vaccinale du personnel soignant. On observe une couverture vaccinale variant de 35 à 85, avec une moyenne de 65 et un écart type de 15. On se demande si la couverture vaccinale moyenne du personnel soignant dans les hôpitaux en France est différente de 70.
On considère la couverture vaccinale exprimée en pourcentage comme une variable continue.

❑ **a.** On réalise un test de comparaison de moyennes pour deux échantillons indépendants.

❑ **b.** On réalise un test de comparaison d'une moyenne observée à une moyenne de référence.

❑ **c.** On rejette l'hypothèse nulle (au risque 5 %), mais on a pu commettre une erreur de type I.

❑ **d.** Le degré de signification est inférieur à 10^{-3}.

❑ **e.** Le degré de signification est inférieur à 10^{-4}.

10. Afin d'augmenter la couverture vaccinale, on décide en octobre 2015 de faire un courrier spécifique à tous les personnels soignants avec leur feuille de paye. On observe, durant cet hiver 2015, dans les mêmes 100 hôpitaux, une couverture moyenne de 69 avec un écart type de 15. On veut comparer les résultats de 2014 et de 2015. Lorsque l'on calcule les différences entre les couvertures vaccinales de ces deux années par hôpital, on obtient un écart type de 10.

❑ **a.** On réalise un test de comparaison de moyennes pour deux échantillons indépendants.

❑ **b.** On réalise un test de comparaison de moyennes pour deux échantillons appariés.

❑ **c.** On rejette l'hypothèse nulle (au risque 5 %).

❑ **d.** La couverture vaccinale est significativement meilleure en 2015 qu'en 2014 (au risque 5 %).
❑ **e.** On ne rejette pas l'hypothèse nulle (au risque 5 %).

11. Dans l'un des hôpitaux où la couverture vaccinale est faible, on réalise une enquête plus détaillée par type de personnel soignant. On obtient les résultats présentés dans le tableau suivant et on se demande s'il y a un lien entre la vaccination et le type de profession.

	médecin	étudiant	infirmier	aide-soignant	total
vacciné	25	50	100	125	300
non vacciné	75	50	100	75	300
total	100	100	100	100	100

Cochez LA proposition exacte :

❑ **a.** L'hypothèse nulle du test postule que la couverture vaccinale diffère suivant le type de profession.
❑ **b.** L'hypothèse nulle du test postule que la vaccination est liée au type de profession.
❑ **c.** On peut faire un test de un écart réduit.
❑ **d.** On peut faire un test du χ^2 à un degré de liberté.
❑ **e.** On conclut à un lien significatif (au risque 5 %) entre vaccination et type de profession.

12. Au vu des résultats de la question précédente, on décide en 2016 de mettre en place une action ciblée sur les médecins pour augmenter la couverture vaccinale. On réalise alors une étude pilote dans 10 hôpitaux où les médecins reçoivent tous un courrier spécifique comme en 2015.
Dans 5 hôpitaux tirés au sort, on organise en plus des « stands » de vaccination ambulants dans les couloirs des bureaux médicaux. On considère comme succès l'obtention d'une couverture vaccinale satisfaisante (supérieure à 70 %).
On observe que dans les hôpitaux sans stand de vaccination, aucun n'a atteint une couverture vaccinale satisfaisante, alors que dans les hôpitaux avec stands, 4 ont atteint la couverture souhaitée.
On souhaite tester si la mise en place des stands est efficace en utilisant un test valide. **Cochez LA proposition exacte**.

❑ **a.** On peut faire un test du χ^2 à un degré de liberté.
❑ **b.** On peut faire un test de l'écart réduit.
❑ **c.** On peut faire un test de Wilcoxon.
❑ **d.** Sous l'hypothèse nulle, le tableau de contingence observé a une probabilité de 1/42.
❑ **e.** Il y a un tableau plus extrême que le tableau de contingence observé ayant les mêmes marges.

QCM n°13 et 14 : (D'après concours PACES Lille)
On cherche à évaluer une nouvelle molécule ayant pour objet la régulation de la circulation rénale. Plus précisément, on souhaite savoir si cette molécule fait baisser l'albuminurie (concentration d'albumine dans les urines) chez des patients pour qui elle dépasse les valeurs normales.
La nouvelle molécule a été administrée à 10 patients. on a noté l'albuminurie (évaluée en mg/24 h) avant (X_{avant}) et après ($X_{après}$) administration. Les mesures obtenues étaient les suivantes :

Sujets	*1*	*2*	*3*	*4*	*5*	*6*	*7*	*8*	*9*	*10*
X_{avant}	70	89	63	46	82	48	51	60	45	82
$X_{après}$	60	84	53	51	67	38	46	55	50	82

13. Parmi les propositions suivantes relatives au test statistique à utiliser, la proposition exacte est :
❑ **a.** Le test de Student peut être utilisé sans condition de normalité.
❑ **b.** Il s'agit d'une comparaison de moyennes entre échantillons appariés et l'hypothèse alternative correspond à une moyenne non nulle de la différence $X_{avant} - X_{après}$.
❑ **c.** Il s'agit d'une comparaison de moyennes entre échantillons indépendants et l'hypothèse nulle correspond à une moyenne nulle de la différence $X_{avant} - X_{après}$.
❑ **d.** Il s'agit d'une comparaison de moyennes entre échantillons appariés et l'hypothèse nulle correspond à une moyenne positive de la différence $X_{avant} - X_{après}$.
❑ **e.** Il s'agit d'une comparaison de moyennes entre échantillons appariés et l'hypothèse alternative correspond à une moyenne positive de la différence $X_{avant} - X_{après}$.

14. On suppose que les conditions d'utilisation du test paramétrique sont remplies. Parmi les propositions suivantes relatives à la valeur du degré de signification p du test (p-value), la proposition exacte est:

❑ **a.** $p > 5\ \%$. ❑ **b.** $2{,}5\ \% < p \leq 5\ \%$. ❑ **c.** $1\ \% < p \leq 2{,}5\ \%$.
❑ **d.** $0{,}5\ \% < p \leq 1\ \%$. ❑ **e.** $p \leq 0{,}5\ \%$.

QCM n°15 à 32 : *(D'après concours PACES Caen)*
L'indice de masse corporelle (IMC) est une mesure de la corpulence qui se calcule en divisant la masse par la taille au carré. Dans l'ensemble de l'exercice, l'IMC est donné en kg/m² (kg/m^2).
Selon les normes de 2004 de l'Organisation Mondiale de la Santé (OMS), l'IMC pour les filles de 1 an suit une loi normale de moyenne $\mu_1 = 17{,}2$ *et d'écart type* $\sigma_1 = 1{,}4$. *Le classement international, créé à partir des 3ᵉ, 90ᵉ et 97ᵉ percentiles, est le suivant :*

IMC < 14,6	*maigreur*
14,6 ≤ IMC < 19,0	*corpulence normale*
19,0 ≤ IMC < 19,8	*surpoids*
19,8 ≤ IMC	*obésité*

NB: le i^e percentile est la valeur de x pour laquelle la probabilité $\mathbb{P}(IMC < x)$ *est égale à* $\frac{i}{100}$.

1. On veut calculer, au risque 1 %, l'intervalle dans lequel devrait se situer la moyenne d'IMC observée sur un échantillon de 20 filles de 1 an, selon les normes 2004 de l'OMS.

15. Il s'agit d'un problème :

❑ **a.** d'intervalle de confiance à 99 %.
❑ **b.** d'estimation ponctuelle.
❑ **c.** d'intervalle de fluctuation à 99 %.
❑ **d.** de statistique descriptive.
❑ **e.** de test d'hypothèses.

16. Concernant les conditions de validité :

❑ **a.** elles sont vérifiées car il est précisé que l'IMC suit une loi normale.

❑ **b.** elles sont vérifiées car $20 \times 0{,}172 < 5$.

❑ **c.** il faut d'abord calculer l'intervalle puis vérifier les conditions aux bornes.

❑ **d.** elles sont vérifiées car il y a plus de 5 sujets dans l'échantillon.

❑ **e.** il n'y a pas de conditions de validité pour ce type de problème.

17. La borne inférieure de l'intervalle est égale à :

❑ **a.** 17,0. ❑ **b.** 16,4. ❑ **c.** 16,1. ❑ **d.** 5,9.

❑ **e.** une autre valeur.

18. La borne supérieure de l'intervalle est égale à :

❑ **a.** 17,4. ❑ **b.** 18,0. ❑ **c.** 28,5. ❑ **d.** 18,3.

❑ **e.** une autre valeur.

Lors d'une étude portant sur une maladie cardiovasculaire pédiatrique, on mesure l'IMC de filles âgées de 1 an, souffrant de cette maladie. Les valeurs ordonnées des IMC sont :

16,98	17,38	17,85	18,09	18,39	18,88	18,89	18,94
19,01	19,25	19,36	19,47	19,49	19,49	19,65	19,75
19,82	19,90	19,95	20,06	20,11	20,20	20,26	20,34
20,68	20,70	20,99	21,04	21,06	21,32	21,39	22,66

La moyenne et l'écart type estimés, calculés à partir de l'échantillon, sont : $m = 19{,}73$ et $s = 1{,}22$.

2. On veut calculer, au risque 5 %, une estimation du pourcentage d'obèses chez les filles de 1 an souffrant de la maladie.

19. La borne inférieure de l'intervalle est égale à :

❑ **a.** 41,2 %. ❑ **b.** 32,7 %. ❑ **c.** 48,5 %. ❑ **d.** 60,0 %.

❑ **e.** ne peut pas être donnée car la validité n'est pas vérifiée.

20. La borne supérieure de l'intervalle est égale à :

❑ **a.** 58,8 %. ❑ **b.** 51,5 %. ❑ **c.** 67,3 %. ❑ **d.** 90,0 %.

❑ **e.** ne peut pas être donnée car la validité n'est pas vérifiée.

3. On veut tester s'il y a, chez les filles de 1 an souffrant de la maladie, significativement plus d'obèses que de non obèses.

21. Il s'agit d'un problème de comparaison :

❑ **a.** d'une répartition observée à une répartition théorique.

❑ **b.** de 2 moyennes observées sur deux échantillons indépendants.

❑ **c.** de 2 pourcentages observés sur deux échantillons indépendants.

❑ **d.** de 2 moyennes observées sur deux échantillons appariés.

❑ **e.** de 2 pourcentages observés sur deux échantillons appariés.

22. Les conditions de validité :

❑ **a.** ne sont pas vérifiées car les effectifs théoriques sont nuls.

❑ **b.** sont vérifiées car $32 > 30$.

❑ **c.** sont vérifiées car il y a plus de 10 paires discordantes.

❑ **d.** ne sont pas vérifiées car $32 \times 0{,}97 > 5$ mais $32 \times 0{,}03 < 5$.

❑ **e.** sont vérifiées car les effectifs théoriques sont tous supérieurs ou égaux à 5.

23. L'indice statistique mesurant l'écart sur ce test est égal à :

❑ **a.** 0. ❑ **b.** 2,6. ❑ **c.** 5,7. ❑ **d.** –3,5.

❑ **e.** ne peut être donné car la validité n'est pas vérifiée.

24. En conclusion, dans la population des filles de 1 an souffrant de la maladie :

❑ **a.** on a montré qu'il y avait plus d'obèses que dans la population des non malades.

❑ **b.** on n'a pas réussi à montrer qu'il y avait plus d'obèses que de non obèses.

❑ **c.** on a montré qu'il y avait plus d'obèses que de non obèses.

❑ **d.** on a montré qu'il y avait plus de non obèses que d'obèses.

❑ **e.** on ne peut rien conclure car les conditions de validité ne sont pas vérifiées.

4. Lors de l'analyse des données de cette étude, en 2011, la norme OMS est modifiée de la façon suivante : l'IMC pour les filles de 1 an suit une loi normale de moyenne $\mu_2 = 17{,}6$ et d'écart type $\sigma_2 = 1{,}5$.
On veut déterminer le nouveau classement OMS de 2011, calculé à partir des 3e, 90e et 97e percentiles :

$IMC < a$	maigreur
$a \leqslant IMC < b$	corpulence normale
$b \leqslant IMC < 20{,}4$	surpoids
$20{,}4 \leqslant$ IMC	obésité

25. Dans le tableau ci-dessus, *a* est égal à :

❑ **a.** 14,5. ❑ b. 14,6. ❑ c. 14,7. ❑ **d.** 14,8.

❑ **e.** une autre valeur.

26. Dans le tableau ci-dessus, *b* est égal à :

❑ **a.** 19,5. ❑ **b.** 19,6. ❑ **c.** 19,7. ❑ **d.** 19,8.

❑ **e.** une autre valeur.

5. Parmi les filles de 1 an atteintes de la maladie étudiée, nous souhaiterions savoir s'il y en a significativement plus qui sont classées « obèses », avec la nouvelle norme OMS, en comparaison à l'ancienne norme.

27. Il s'agit :

❑ **a.** d'un problème d'estimation ponctuelle.

❑ **b.** d'un problème d'intervalle de confiance.

❑ **c.** d'un test sur données indépendantes.

❑ **d.** d'un test sur données appariées.

❑ **e.** d'un autre type de problème.

28. Concernant les conditions de validité :

❑ **a.** elles ne sont pas vérifiées, et l'on ne peut pas utiliser la correction de Yates.

❑ **b.** elles sont vérifiées car le plus petit effectif théorique est supérieur à 5.

❑ **c.** elles sont vérifiées car le produit $n \times p$ est supérieur à 5.

❑ **d.** il n'y a pas de conditions de validité pour ce type de problème.

❑ **e.** elles sont vérifiées pour le test avec correction de Yates.

29. Quel indice statistique, permettant de mesurer l'écart sur ce test, calculez-vous ?

❑ **a.** $p = 25\ \%$.

❑ **b.** $\chi^2 = 4{,}27$.

❑ **c.** $IC_{95\ \%} = [10\ \%; 40\ \%]$.

❑ **d.** $\chi^2 = 6{,}13$.

❑ **e.** On ne peut pas calculer cet indice statistique, puisque les conditions de validité ne sont pas vérifiées.

30. Qu'en concluez-vous ?

❑ **a.** On ne peut pas conclure.

❑ **b.** Le pourcentage d'obèses dans notre population d'étude est significativement différent selon que l'on considère l'ancienne ou la nouvelle norme.

❑ **c.** Le pourcentage d'obèses dans notre population d'étude ne diffère pas selon que l'on considère l'ancienne ou la nouvelle norme.

❑ **d.** On ne détecte pas de différence significative entre les pourcentages d'obèses calculés avec l'ancienne ou la nouvelle norme.

❑ **e.** On accepte l'hypothèse nulle.

6. Pour classer un sujet par rapport à une norme, on peut utiliser la notion de *z*-score. Il s'obtient en retranchant la moyenne de la norme à la valeur du sujet et en divisant par l'écart type de la norme. Pour l'IMC : $z\text{-score} = \dfrac{IMC - \mu}{\sigma}$.

Soit Z_1 le *z*-score de l'IMC utilisant les normes 2004 de l'OMS et Z_2 le *z*-score de l'IMC utilisant les normes 2011 de l'OMS.

31. Quelle relation permet de calculer Z_2 en fonction de Z_1 ?

❑ **a.** $Z_2 = \dfrac{Z_1 - \mu_1 \times \sigma_1}{\mu_2 \times \sigma_2}$.

❑ **b.** $Z_2 = \dfrac{Z_1 - \mu_1}{\sigma_1} + \mu_2 \times \sigma_2$.

❑ **c.** $Z_2 = \dfrac{Z_1 \times \sigma_1 + \mu_1 - \mu_2}{\sigma_2}$.

❑ **d.** $Z_2 = Z_1 + \mu_1 \times \sigma_1 - \mu_2 \times \sigma_2$.

❑ **e.** $Z_2 = \dfrac{Z_1 - \mu_1}{\sigma_1} + \dfrac{\mu_2}{\sigma_2}$.

32. Cochez la (ou les) proposition(s) correcte(s).

❑ **a.** L'écart type de la loi suivie par Z_1 est égal à 1.

❑ **b.** Le plus faible IMC des filles de l'échantillon classées obèses selon la norme 2011 de l'OMS correspond à un z-score Z_2 égal à 2,05.

❑ **c.** Une fille ayant un z-score à 0 a un IMC égal à la moyenne de la norme correspondante.

❑ **d.** La moyenne de la loi suivie par Z_1 est égale à 17,20.

❑ **e.** Un z-score est toujours positif.

33. *(D'après concours PACES Lyon)*

Les concentrations urinaires en œstrogène et androgène sont mesurées chez 12 hommes adultes en bonne santé. On cherche à déterminer si la concentration urinaire en œstrogène et la concentration en androgène sont corrélées. Pour ce faire, un test statistique est réalisé et nous renvoie une p-valeur inférieure à 10^{-4} et la valeur $r = 0{,}93$. Cochez la (ou les) proposition(s) correcte(s).

❑ **a.** Les deux variables sont corrélées.

❑ **b.** En moyenne, lorsque la concentration urinaire en œstrogène augmente, la concentration en androgène augmente.

❑ **c.** Le test statistique réalisé est un test de concordance.

❑ **d.** La corrélation linéaire entre la concentration urinaire en œstrogène n'est pas significative au risque d'erreur de 5 %.

❑ **e.** On rejette l'hypothèse nulle du test statistique réalisé au risque d'erreur de 5 %.

__QCM n°34 à 38 :__ (D'après concours PACES Nantes)
En phase d'étude préclinique, un chercheur teste sur deux échantillons de 4 souris un nouveau traitement ayant pour objectif d'augmenter le nombre de lymphocytes présents dans le sang. Dans l'un des groupes de 4 souris, il ajoute simplement ce nouveau traitement dilué dans le réservoir d'eau. Dans l'autre groupe, il n'ajoute rien dans l'eau.

34. Pour conclure sur l'efficacité du nouveau traitement, quelle(s) hypothèse(s) nulle(s) est(sont) possible(s) ? (Une ou plusieurs réponses)

❑ **a.** Les moyennes du nombre de lymphocytes des deux populations de souris d'où sont issus les deux échantillons sont égales.

❑ **b.** Les moyennes du nombre de lymphocytes entre les groupes de souris avec et sans le nouveau traitement sont différentes.

❑ **c.** Les moyennes du nombre de lymphocytes des deux échantillons sont égales.

❑ **d.** Il n'y a pas d'effet du nouveau traitement.

❑ **e.** Aucune réponse n'est correcte.

35. Pour conclure sur l'efficacité du nouveau traitement, quelle(s) hypothèse(s) alternative(s) est(sont) possible(s) ? (Une ou plusieurs réponses)

❑ **a.** Le traitement est efficace.

❑ **b.** La moyenne du nombre de lymphocytes dans la population d'où sont issues les souris traitées est supérieure à celle de la population de souris sans traitement.

❑ **c.** La moyenne du nombre de lymphocytes de l'échantillon de souris avec traitement est supérieure à celle observée dans l'échantillon de souris sans traitement.

❑ **d.** Il n'y a pas d'effet du nouveau traitement.

❑ **e.** Aucune réponse n'est correcte.

36. Le chercheur pense réaliser un test de comparaison des moyennes où la statistique de test suit une loi de Student sous l'hypothèse nulle. Cochez la proposition correcte (une seule réponse) :

❑ **a.** C'est une erreur; la statistique de test suit une loi normale sous H_0.

❑ **b.** Ce test peut effectivement être réalisé, mais on doit supposer que le nombre de lymphocytes suit une loi normale et que les variances des deux populations sont égales.

❑ **c.** Il n'est pas envisageable de faire ce test sur deux petits échantillons.

❑ **d.** Le test le plus adapté est un test du χ^2.

❑ **e.** Ce test est tout à fait adapté sans aucune réserve.

37. En supposant que les conditions d'application du test sont vérifiées, le chercheur a réalisé un test de comparaison des moyennes basé sur la loi de Student. Il choisit a priori un risque de première espèce α égal à 0,05. La statistique de test vaut 1,6. Cochez la proposition correcte (une seule réponse).

❑ **a.** On rejette l'hypothèse nulle; il semble que le traitement soit efficace.

❑ **b.** On ne rejette pas l'hypothèse nulle; cette étude préclinique ne permet pas de montrer une efficacité significative du nouveau traitement au risque 5 %.

❑ **c.** Le traitement n'est pas efficace.

❑ **d.** On ne rejette pas l'hypothèse nulle; les moyennes de lymphocytes sont significativement équivalentes au risque 5 %.

❑ **e.** Aucune réponse n'est correcte.

38. Quel autre test statistique aurait été bien adapté à cette analyse ? Cochez la proposition correcte (une seule réponse).

❑ **a.** Un test de Wilcoxon pour données appariées.

❑ **b.** Un coefficient de corrélation linéaire entre le nombre de lymphocytes et les groupes (1 = traitement, 0 = pas de traitement).

❑ **c.** Un test de Mann-Whitney.

❑ **d.** Un test exact de Fisher.

❑ **e.** Aucune réponse n'est correcte.

39. *(D'après concours PACES Lyon)*

On étudie la relation entre le taux de cholestérol et le taux de triglycérides chez des patients hypertendus. Les résultats de ces dosages sur un groupe de 50 patients sont exprimés en mmol/L. Une analyse statistique nous donne les informations suivantes :

[cholestérol] = 3,62 + 0,39× [triglycérides] ; $r^2 = 0{,}057$; $p = 0{,}26$.

On suppose que le taux de triglycérides est connu sans erreur.

❑ **a.** Vous faites un test du χ^2 pour tester l'existence d'une liaison entre le taux de cholestérol et le taux de triglycérides.

❑ **b.** La covariance estimée entre le taux de cholestérol et le taux de triglycérides est positive.

❑ **c.** La tendance linéaire entre le taux de cholestérol et le taux de triglycérides n'est pas significative au risque d'erreur 5 %.

❑ **d.** Le taux de triglycérides « explique », 5,7 % de la variabilité du taux de cholestérol.

❑ **e.** Une augmentation de 1 mmol/L du taux de triglycérides entraîne une augmentation moyenne de 0,39 du taux de cholestérol.

Corrigés

1. ☒ **a.** ❑ **b.** ❑ **c.** ❑ **d.** ❑ **e.**

2. ☒ **a.** ❑ **b.** ❑ **c.** ☒ **d.** ❑ **e.**

Pour les deux questions, cela signifie que les deux objectifs possibles « diminuer le risque », et « diminuer l'amplitude de l'intervalle de confiance », évoluent en sens contraire.

3. ☒ **a.** ❑ **b.** ❑ **c.** ❑ **d.** ❑ **e.**

• La proposition **a.** est vraie par définition.

• La proposition **b.** est fausse. La p-valeur n'est pas fixée, c'est le niveau de signification, ou seuil de significativité du test, qui l'est.

• La proposition **c.** est fausse. La puissance est liée à l'erreur de deuxième espèce β.

• La proposition **d.** est fausse. C'est la valeur critique du test qui est lue dans une table.

4. ❑ **a.** ❑ **b.** ☒ **c.** ❑ **d.** ❑ **e.**

Dans l'échantillon de taille $n = 34$ internes, l'événement A « joueur » est observé $k = 19$ fois, soit avec une proportion $p = \frac{19}{34} \approx 0,56$ ou 56 %.

Soit π la proportion de A dans la population.

• Les propositions **a., b.** et **d.** concernent la notion d'intervalle de pari (ou de fluctuation) qui suppose π connu. Ils sont donc à rejeter.

• La proposition **e.** est fausse 56 % est une estimation ponctuelle de π, pas une valeur exacte.

• La proposition **c.** est vraie Il y a 95 % de chances que π se trouve dans l'intervalle de confiance :

$$]p-1,96\sqrt{\frac{p(1-p)}{n}}\ ;\ p+1,96\sqrt{\frac{p(1-p)}{n}}[\ =\ ]0,39\ ;\ 0,73[.$$

5. ❑ **a.** ❑ **b.** ❑ **c.** ☒ **d.** ❑ **e.**

On veut tester H_0 : « les deux produits ont le même effet en ce qui concerne l'obtention de l'abstinence ». Dans ce cas, les informations fournies se regroupent selon le tableau d'effectifs :

	Abstinence	Non abstinence	total
Baclofène	10	22	32
Aotal	21	54	75
Total	31	76	107

On peut tester H_0, soit avec un test du χ^2 à 1 ddl, soit avec une comparaison de deux proportions observées.

• **Test du χ^2**

La valeur de χ^2_{obs} est fournie. Avec $\alpha = 5$ % et ddl = 1, on lit le seuil $\chi^2_{0,05} = 3{,}84$. Comme $\chi^2_{obs} < \chi^2_{0,05}$, H_0 est non rejetée au seuil $\alpha = 5$ %.

La proposition **d.** est vraie, mais pas la proposition **a.** est fausse car on n'affirme pas H_0.

• **Test avec les proportions**

On compare $p_1 = \dfrac{10}{32}$ et $p_2 = \dfrac{21}{75}$ et on peut faire un test unilatéral pour la proposition **b.**

$$H_0 : \pi_1 = \pi_2 \ ; \ H_1 : \pi_1 > \pi_2$$

On calcule :

$$\hat{\pi} = \frac{10+21}{32+75} = \frac{31}{107} \quad \text{puis} \quad z = \frac{p_1 - p_2}{\sqrt{\hat{\pi}(1-\hat{\pi})\left(\dfrac{1}{n_1} + \dfrac{1}{n_2}\right)}} \approx 0,34.$$

Comme $z_{0,10} = 1{,}645$ et $|z| < 1{,}645$, H_0 est non rejetée au seuil (unilatéral) de $\alpha = 5$ %. Mais on ne peut pas retenir la proposition **b.** qui affirme H_0.

6. ❑ **a.** ❑ **b.** ☒ **c.** ☒ **d.** ❑ **e.**

On veut tester H_0 : « les deux produits ont le même effet en ce qui concerne l'arrêt d'un consommation excessive ». Dans ce cas, les informations fournies se regroupent selon le tableau d'effectifs :

	Consommation non excessive	Consommation excessive	Total
Baclofène	22	10	32
Aotal	25	50	75
Total	47	60	107

• **Test du χ^2**

La valeur de χ^2_{obs} est fournie. Avec $\alpha = 5$ % et ddl = 1, on lit le seuil $\chi^2_{0,05} = 3{,}84$. Comme $\chi^2_{obs} > \chi^2_{0,05}$, H_0 est rejetée au seuil 5 % et même au seuil 0,1 %. On peut penser que la proposition **d.** est vraie. On peut aussi le refuser car c'est une formulation unilatérale.

• **Test avec les proportions**

On compare $p_1 = \dfrac{22}{32}$ et $p_2 = \dfrac{25}{75}$ et on peut faire un test unilatéral :

$$H_0 : \pi_1 = \pi_2 \ ; \ H_1 : \pi_1 > \pi_2.$$

On calcule:

$$\hat{\pi} = \frac{22+25}{32+75} = \frac{45}{107} \quad \text{puis} \quad z = \frac{p_1 - p_2}{\sqrt{\hat{\pi}(1-\hat{\pi})(\frac{1}{n_1}+\frac{1}{n_2})}} \approx 3,40.$$

Comme $z_{0,001} = 3,291$, H_0 est rejetée au seuil (unilatéral) de $0,0005$. Pour le degré de signification p, c'est la proposition **c.** qui est vraie.

7. ❑ **a.** ❑ **b.** ❑ **c.** ☒ **d.** ❑ **e.**

• **a.** fausse car l'effectif permet de réaliser un test pour « grands échantillons ». Comme la statistique du test z de l'écart réduit unilatéral est égale à $2,11$ et que la valeur critique est égale à $1,64$, le test z de l'écart réduit est significatif au seuil $\alpha = 5$ %.

• **c.** fausse car il faut supposer la normalité de la différence et non pas sur chacune des deux séries statistiques.

• **d.** vraie **e.** fausse. En effet, en lisant dans une table de la loi normale on trouve une valeur approchée du degré de signification égale à $0,019$.

8. ☒ **a.** ❑ **b.** ☒ **c.** ❑ **d.** ❑ **e.**

• **a.** vraie **b.** fausse **c.** vraie car la statistique du test du χ^2 est égale à 16 et est supérieure à la valeur critique prise au seuil alpha = 5 %. Donc le test du χ^2 est significatif au seuil alpha = 5 %.

• **d.** fausse. En effet, la valeur de z est 4.

• **e.** fausse. Ici il s'agit d'utiliser un test d'adéquation du χ^2.

9. ❑ **a.** ☒ **b.** ☒ **c.** ☒ **d.** ❑ **e.**

• **a.** fausse **b.** vraie. On réalise ici un test de comparaison d'une moyenne à une moyenne de référence.

• **c.** vraie car la statistique du test de z de l'écart réduit bilatéral $(3,33)$ est supérieure à la valeur critique au seuil $\alpha = 5$ %.

• **d.** vraie **e.** fausse. En effet, en lisant dans une table de la loi normale on trouve une valeur approchée du degré de signification égale à $0,00085$.

10. ❑ **a.** ☒ **b.** ☒ **c.** ☒ **d.** ❑ **e.**

• **a.** fausse **b.** vraie. En effet, ici il faut faire un test de comparaison pour deux échantillons appariés puisqu'il s'agit des mêmes 100 hôpitaux.

• **c.** vraie **d.** vraie **e.** fausse. En effet, la statistique du test z de l'écart réduit unilatéral (4,0) est strictement supérieure à la valeur critique (1,65) au seuil $\alpha = 5\ \%$.

11. ❑ **a.** ❑ **b.** ❑ **c.** ❑ **d.** ☒ **e.**

• **a.** fausse car il suppose que la couverture vaccinale est indépendante du type de profession.

• **b.** fausse. C'est l'hypothèse alternative du test qui postule que la vaccination est liée au type de profession.

• **c.** fausse car l'une des variables (la profession) est ici une variable multinomiale et le test nécessite donc un χ^2 sur un tableau 2×4. On ne peut pas faire un test de l'écart réduit.

• **d.** fausse car le degré de liberté est égal à $(2-1)\times(4-1)=3$.

• **e.** vraie car la statistique de test est égale à 38,5 qui est supérieure à la valeur critique (7,81) au seuil $\alpha = 5\ \%$.

12. ❑ **a.** ❑ **b.** ❑ **c.** ☒ **d.** ❑ **e.**

• **a.** fausse. L'effectif est insuffisant pour utiliser le test du χ^2.

• **b.** fausse **c.** fausse. C'est un test exact de Fisher qu'il faut utiliser.

• **d.** vraie. En effet, la probabilité vaut:

$$\frac{(0+5)!\times(4+1)!\times(0+4)!\times(5+1)!}{0!\times 5!\times 4!\times 1!\times(0+5+4+1)!} = \frac{1}{42}.$$

• **e.** fausse. La table obtenue est une table extrême (l'un des effectifs est nul) et donc on ne peut pas avoir plus extrême que celle observée.

13. ❑ **a.** ❑ **b.** ❑ **c.** ❑ **d.** ☒ **e.**

• **a.** fausse. Il faut la condition de normalité pour utiliser le test de Student.

• **b.** fausse. En effet, on cherche ici à faire un test unilatéral.

• **c.** fausse. En effet, les deux échantillons sont ici appariés.

• **d.** fausse. C'est l'hypothèse alternative qui comporte une moyenne positive.

• **e.** vraie. En effet, effectivement on cherche à montrer une baisse donc la moyenne après doit être plus petite que la moyenne avant.

14. ❑ **a.** ❑ **b.** ☒ **c.** ❑ **d.** ❑ **e.**

Pour réaliser le test paramétrique, on calcule les différences

$$\{10\,;5\,;10\,;-5\,;15\,;10\,;5\,;5\,;-5\,;0\}$$

puis $\bar{d}=5$, $s_d \approx 6,67$ et la statistique de test $t=\frac{\bar{d}}{s_d}\sqrt{n}\approx 2,37.$

Dans la table de Student, pour des ddl de 9, on lit $t_{0,05}=2,262$ et $t_{0,02}=2,821$.

Comme il s'agit d'un test unilatéral, le degré de signification p du test est compris entre 1 % et 2,5 %.

15. ❑ **a.** ❑ **b.** ☒ **c.** ❑ **d.** ❑ **e.**

On travaille avec un échantillon, le problème posé ne relève donc pas de la statistique descriptive : **d.** est fausse.

Le fait que nous cherchions à calculer un intervalle élimine les propositions **b.** et **e.**

Enfin, nous cherchons à localiser les valeurs les plus probables que peut prendre une variable aléatoire, il s'agit d'un intervalle de fluctuation et non d'un intervalle de confiance ; **c.** vraie et **a.** fausse.

16. ☒ **a.** ❑ **b.** ❑ **c.** ❑ **d.** ❑ **e.**

a. est vraie et **e.** est fausse. Un intervalle de fluctuation nécessite de connaître la loi de probabilité sous-jacente ainsi que ses paramètres.

Les conditions énoncées dans les propositions **b.**, **c.** et **d.** ne s'appliquent pas dans ce contexte.

17. ❑ **a.** ☒ **b.** ❑ **c.** ❑ **d.** ❑ **e.**

La valeur recherchée est :

$$17,2-z_{0,01}\frac{\sigma_1}{\sqrt{n}}=17,2-2,58\frac{1,4}{\sqrt{20}}\approx 16,4.$$

18. ❑ **a.** ☒ **b.** ❑ **c.** ❑ **d.** ❑ **e.**

La valeur recherchée est :

$$17,2+z_{0,01}\frac{\sigma_1}{\sqrt{n}}=17,2+2,58\frac{1,4}{\sqrt{20}}\approx 18,0.$$

19. ❑ **a.** ☒ **b.** ❑ **c.** ❑ **d.** ❑ **e.**

Obèse si IMC $\geqslant$ 19,8. Donc 16 sujets sur 32 et $p = 1/2$. Nous construisons un intervalle de confiance pour une proportion. Comme $n = 32 \geqslant 30$, $np = 16 = n(1-p) \geqslant 5$, les conditions d'approximation sont remplies : **e.** est fausse et ainsi la borne inférieure de l'intervalle est donnée par la formule :

$$p - z_{0,05}\frac{1}{8\sqrt{2}} = \frac{1}{2} - 1{,}96\frac{1}{8\sqrt{2}} \approx 32{,}7\%.$$

20. ☐ **a.** ☐ **b.** ☒ **c.** ☐ **d.** ☐ **e.**

La borne supérieure de l'intervalle est donnée par la formule :

$$p + z_{0,05}\frac{1}{8\sqrt{2}} = \frac{1}{2} + 1{,}96\frac{1}{8\sqrt{2}} \approx 67{,}3\ \%$$

21. ☒ **a.** ☐ **b.** ☐ **c.** ☐ **d.** ☐ **e.**

Il s'agit de comparer la distribution observée sur l'échantillon avec celle que l'on aurait obtenue sous l'hypothèse d'équiprobabilité entre les issues *obèse* (π_o) ou *non obèse* (π_{no}).

La répartition théorique avec laquelle on cherche à comparer la répartition observée associée à l'échantillon est une loi $\mathcal{B}(32,1/2)$.

Remarquons également que le problème posé est unilatéral :

$H_0 : \pi_o = \pi_{no}$ contre $H_1 : \pi_o > \pi_{no}$.

N.B. : il est tout aussi simple de remarquer que l'on n'a qu'un échantillon à notre disposition et que les propositions autres que la **a.** impliquent deux échantillons.

22. ☐ **a.** ☒ **b.** ☐ **c.** ☐ **d.** ☐ **e.**

Le problème est unilatéral, le recours à un test du χ^2 n'est donc pas possible : **a.** et **e.** sont fausses.

On doit essayer d'utiliser un test basé sur la loi normale, dit test z. Les conditions d'approximation sont remplies puisque : $n = 32 \geqslant 30$, $np = 16 \geqslant 5$ et $n(1-p) = 16 \geqslant 5$. Ainsi **c.** et **d.** sont fausses. **b.,** bien qu'incomplète, est la seule qui puisse être correcte.

23. ☒ **a.** ☐ **b.** ☐ **c.** ☐ **d.** ☐ **e.**

L indice statistique est $z = \dfrac{p-\pi}{\sqrt{\dfrac{\pi(1-\pi)}{n}}} = 0$ car $p = \dfrac{1}{2} = \pi$.

24. ☐ **a.** ☒ **b.** ☐ **c.** ☐ **d.** ☐ **e.**

L'indice statistique est égal à 0. Le test n'est pas significatif au seuil de 5 %. Il ne l'est pas plus pour n'importe quel autre seuil $0 < \alpha < 1$. Par conséquent, on n'a pas réussi à montrer qu'il y avait plus d'obèses que de non obèses dans la population de filles de 1 an souffrant de la maladie.

25. ❑ **a.** ❑ **b.** ❑ **c.** ☒ **d.** ❑ **e.**

Notons $u_{3/100} = u_{0,03}$ le 3e percentile de la loi normale centrée et réduite. On a $u_{0,03} = -z_{0,06}$.

$$\left(\frac{IMC-\mu_2}{\sigma_2} < \frac{a-\mu_2}{\sigma_2}\right) = \left(\frac{IMC-\mu_2}{\sigma_2} \leq \frac{a-\mu_2}{\sigma_2}\right) = F\left(\frac{a-\mu_2}{\sigma_2}\right).$$

Puis $F\left(\frac{a-\mu_2}{\sigma_2}\right) = \frac{3}{100} \Leftrightarrow \frac{a-\mu_2}{\sigma_2} = u_{3/100} \Leftrightarrow a = \mu_2 + u_{0,03}\sigma_2$

$= \mu_2 - z_{0,06}\sigma_2.$

Application numérique : a = 17,6 – 1,88 × 1,5 = 14,8.

26. ☒ **a.** ❑ **b.** ❑ **c.** ❑ **d.** ❑ **e.**

Même calcul qu'au QCM 24 avec $u_{90/100 = 9/10 = 0,9} = z_{0,2}$ à la place de $u_{3/100}$.

Application numérique : b = 17,6 + 1,28 × 1,5 = 19,5.

N.B. : sans tables à votre disposition, vous pouviez calculer $u_{3/100}$, $u_{9/10}$ et $u_{97/100} = -u_{3/100}$ à partir des données fournies par l'énoncé, valeurs de μ_1 et σ_1, et des deux relations : $14,6 = \mu_1 + u_{3/100}\sigma_1$ et $19,0 = \mu_2 + u_{9/10}\sigma_1 = \mu_2 + z_{0,2}\sigma_1$.

27. ❑ **a.** ❑ **b.** ❑ **c.** ☒ **d.** ❑ **e.**

Il s'agit d'une problématique de test puisque l'on veut montrer qu'un résultat est significatif. Il est réalisé sur des données appariées car ce sont les mêmes filles pour les deux normes.

28. ❑ **a.** ❑ **b.** ❑ **c.** ❑ **d.** ☒ **e.**

Pour comparer deux proportions appariées, nous avons le choix entre deux tests : Mac Nemar et test z pour deux proportions dans le cas d'échantillons appariés.

Commençons par constituer le tableau confrontant les deux classements :

		Norme 2004	
		Non-obèses	Obèses
Norme 2011	Non-obèses	16	8
	Obèses	0	8

Avec les notations classiques du test de Mac Nemar, on constate $a = 0$ et $b = 0$. Les effectifs attendus sont donc $E_o = 8/2 = 4 < 5$ et $E_{no} = 8/2 = 4 < 5$. Ces effectifs sont toutefois supérieurs à 3 et ainsi les conditions d'utilisation seront remplies à condition d'utiliser la correction de Yates.

Pour le test z pour deux proportions dans le cas d'échantillons appariés, la condition d'utilisation est $a + b \geqslant 30$. Celle-ci n'est donc pas vérifiée pour ces données.

N.B. : ce QCM oblige le candidat à se servir d'un test de Mac Nemar avec correction de Yates, seule réponse correcte parmi celles proposées. Or, contrairement au test de comparaison de deux proportions pour échantillons appariés, le test de Mac Nemar, qui est uniquement bilatéral, ne permet pas de s'intéresser au problème tel qu'il est posé au point 5. et qui correspond à une problématique unilatérale : *savoir s'il y en a significativement plus qui sont classées obèses avec la nouvelle norme OMS, en comparaison à l'ancienne norme.*

Le candidat avisé aura lu le groupe de questions **5.** avant d'y répondre et aura remarqué que les réponses proposées au QCM 29. correspondent à une formulation bilatérale du test et sont donc compatibles avec l'utilisation du test de Mac Nemar.

Cette confusion entre la formulation d'une problématique unilatérale et l'utilisation d'un test bilatéral est malheureusement présente dans plusieurs QCM de concours, voir QCM 9. et 10. partie E. Dans ce cas, il vous faudra essayer d'utiliser en premier lieu le test de deux proportions pour échantillons appariés et si celui n'est pas proposé, ou encore si ses conditions d'utilisation ne sont pas remplies, se rabattre sur le test de Mac Nemar.

29. ☐ **a.** ☐ **b.** ☐ **c.** ☒ **d.** ☐ **e.**

L'indice statistique demandé est donné par la formule :

$$\chi^2 = \frac{(|a-b|-1)^2}{a+b} = \frac{(8-1)^2}{8} = \frac{49}{8} \approx 6{,}13.$$

30. ☐ **a.** ☒ **b.** ☐ **c.** ☐ **d.** ☐ **e.**

Commençons par remarquer que les réponses proposées correspondent à une problématique et sont donc compatibles avec l'utilisation du test de McNemar qui a été faite précédemment.

Comme le niveau de significativité du test n'est pas précisé, nous choisissons la valeur usuelle de $\alpha = 5\ \%$. Pour un tel seuil de significativité, la valeur critique d'un test de McNemar vaut 3,84 (il s'agit du quantile à 95 % d'une loi du χ^2 à un degré de liberté).

Comme l'indice statistique 6,13 est supérieur ou égal à 3,84, le test est significatif au niveau $\alpha = 5$ %, nous rejetons l'hypothèse nulle d'égalité des deux proportions et décidons que l'hypothèse alternative de différence entre les deux proportions est vraie. *Le pourcentage d'obèses dans notre population d'étude, est significativement différent selon que l'on considère l'ancienne ou la nouvelle norme.*

31. ☐ **a.** ☐ **b.** ☒ **c.** ☐ **d.** ☐ **e.**

De la définition de $Z_1 = \dfrac{IMC - \mu_1}{\sigma_1}$ et $Z_2 = \dfrac{IMC - \mu_2}{\sigma_2}$,

nous tirons $\mu_1 + \sigma_1 Z_1 = \mu_2 + \sigma_2 Z_2$ ce qui équivaut à

$Z_2 = \dfrac{-\mu_2 + \mu_1 + \sigma_1 Z_1}{\sigma_2}$ d'où le choix de la proposition **c.**

32. ☒ **a.** ☒ **b.** ☒ **c.** ☐ **d.** ☐ **e.**

- La proposition **a.** est vraie.

$$\mathrm{Var}(Z_1) = \mathrm{Var}\left(\frac{IMC - \mu_1}{\sigma_1}\right) = \frac{1}{\sigma_1^2}\mathrm{Var}(IMC - \mu_1) = \frac{1}{\sigma_1^2}\mathrm{Var}(IMC).$$

Ainsi la variance de Z_1 n'est égale à 1 que si celle de l'IMC vaut σ_1^2, ce qui est le cas si nous supposons que l'IMC est distribué suivant la norme 2004.

- La proposition **b.** est vraie. Le plus faible IMC des filles de l'échantillon classées obèses selon la norme 2011 de l'OMS est de 20,68. Le *z*-score selon la norme 2011 est alors :

$\dfrac{20{,}68 - 17{,}6}{1{,}5} = 2{,}05.$

- La proposition **c.** est vraie. $z\text{-score}_1 = 0$ équivaut à $\dfrac{IMC - \mu_1}{\sigma_1} = 0$ ou encore à $IMC = \mu_1$. De même, $z\text{-score}_2 = 0$ équivaut à $\dfrac{IMC - \mu_2}{\sigma_2} = 0$ ou encore à $IMC = \mu_2$.

- La proposition **d.** est fausse.

$$E(Z_1) = E\left(\frac{IMC - \mu_1}{\sigma_1}\right) = \frac{1}{\sigma_1}E(IMC) - \frac{\mu_1}{\sigma_1} = \frac{\mu_1}{\sigma_1} - \frac{\mu_1}{\sigma_1} = 0,$$

si l'IMC est distribué suivant la norme 2004.

• La proposition **e.** est fausse. Pour un sujet avec un IMC de 16,98, le z-score est, pour la norme 2004, $z = \dfrac{16,98 - 17,2}{1,4} < 0$ et pour la norme 2011 est égal à $z = \dfrac{16,98 - 17,6}{1,5} < 0$.

33. ☒ **a.** ☒ **b.** ☐ **c.** ☐ **d.** ☒ **e.**

Bien que l'énoncé de l'exercice ne le mentionne pas, c'est l'existence d'une éventuelle corrélation **linéaire** qui est étudiée ici. De même, comme l'énoncé nous force à nous servir du test de la nullité du coefficient de corrélation linéaire, nous devons supposer que ses conditions d'utilisation sont remplies.

• La proposition **a.** est vraie. L'assertion ne comporte pas le terme significatif. Par conséquent, elle concerne uniquement l'échantillon. Pour celui-ci, le coefficient de corrélation $r = 0,93 \neq 0$ et ainsi pour cet échantillon les deux variables sont corrélées.

• La proposition **b.** est vraie. Le coefficient de corrélation est positif.

• La proposition **c.** est fausse. C'est le test de la nullité du coefficient de corrélation linéaire.

• La proposition **d.** est fausse. Le test est significatif au seuil de 5 % car la p-valeur est inférieure ou égale à 10^{-4}.

• La proposition **e.** est vraie. Le test est significatif au seuil de 5 % car la p-valeur est inférieure ou égale à 10^{-4} et par conséquent nous rejetons l'hypothèse nulle avec un risque d'erreur de première espèce qui vaut 5 %.

34. ☒ **a.** ☐ **b.** ☐ **c.** ☒ **d.** ☐ **e.**

Il s'agit d'une comparaison de deux moyennes dans le cas de populations indépendantes, les échantillons étant de petites tailles. L'hypothèse nulle est $\mu_1 = \mu_2$, c'est-à-dire que le nouveau traitement n'a pas d'effet en moyenne.

35. ☒ **a.** ☒ **b.** ☐ **c.** ☐ **d.** ☐ **e.**

Le nouveau traitement a pour objectif *d'augmenter* ... Le test est donc unilatéral et l'hypothèse alternative doit en tenir compte.

L'affirmation **b.** est idéale.

L'affirmation **a.** peut aussi être retenue, bien que sa formulation ne soit pas aussi nette.

36. ☐ **a.** ☒ **b.** ☐ **c.** ☐ **d.** ☐ **e.**

Pour faire un test de Student, qui est un test paramétrique, il faut que les hypothèses de l'affirmation **b.** soient vérifiées.

37. ☐ **a.** ☒ **b.** ☐ **c.** ☐ **d.** ☐ **e.**

La loi de Student utilisée a pour d.d.l. $v = n_1 + n_2 - 2 = 6$.
Pour un test unilatéral et $\alpha = 5$ %, la valeur critique lue dans la table est égale à $t_{0,10} = 1,943$.
Comme $1,6 < 1,943$, le test n'est pas significatif au seuil $\alpha = 5$ %. On décide de ne pas rejeter H_0 au seuil 5 %. On ne peut pas conclure à l'efficacité du traitement.

Cela ne signifie pas que le traitement ne soit pas efficace. Les échantillons sont de très petites tailles et l'information apportée par cette expérience est donc pauvre.

38. ☐ **a.** ☐ **b.** ☒ **c.** ☐ **d.** ☐ **e.**

On peut aussi choisir de faire un test non paramétrique à deux populations et donc choisir un test de Mann et Whitney.

39. ☐ **a.** ☒ **b.** ☒ **c.** ☒ **d.** ☒ **e.**

• La proposition **a.** est fausse. Les deux variables sont quantitatives alors que le test du χ^2 d'indépendance porte sur deux variables qualitatives.

• La proposition **b.** est vraie. $\hat{a} = \dfrac{\widehat{\text{Cov}(X,Y)}}{\sigma^2(X)}$ donc $\widehat{\text{Cov}(X,Y)}$ est du signe de $\hat{a} = 0,39$ donc positive.

• La proposition **c.** est vraie. $p = 0,26 > 0,05$ donc la tendance linéaire entre les deux variables n'est pas significative au risque d'erreur de 5 %.

• N.B : l'énoncé ne précise pas si les conditions d'utilisation du modèle linéaire sont remplies (indépendance, normalité, homoscédasticté). Si l'accent est mis sur la vérification de ces conditions, l'assertion doit être considérée comme fausse.

• La proposition **d.** est vraie. C'est l'interprétation du r^2.

• La proposition **e.** est vraie, car la pente de la droite est de 0,39 ud/(mmol/L).

[Applications aux sciences de la vie]

FICHE COURS 44

Évaluation d'un test diagnostique

1. Diagnostic et probabilités conditionnelles

a. Propriétés d'un test diagnostique

On recrute des sujets soumis à une évaluation de référence permettant de savoir s'ils ont la maladie étudiée *(M)* ou non ($\overline{M}$).
On leur applique ensuite un test qui donne un résultat positif (+) ou négatif (–). Les notions qui suivent sont inchangées s'il s'agit d'un symptôme présent (+) ou absent (–).
On regroupe les effectifs observés selon le tableau :

	M	$\overline{M}$	
+	n_1	n_2	
–	n_3	n_4	
			n

- Il y a n_1 individus **vrais positifs** qui sont déclarés positifs alors qu'ils sont malades.
- Il y a n_2 individus **faux positifs** qui sont déclarés positifs alors qu'ils ne sont pas malades.
- Il y a n_3 individus **faux négatifs** qui sont déclarés négatifs alors qu'ils sont malades.
- Il y a n_4 individus **vrais négatifs** qui sont déclarés négatifs alors qu'ils ne sont pas malades.
- L'**exactitude** du test est le pourcentage de déclarations exactes, soit :

$$\frac{\text{nb vrais positifs} + \text{nb vrais négatifs}}{\text{nb patients}}.$$

- La **sensibilité** du test est la probabilité qu'un sujet soit positif au test sachant qu'il est malade :

$$S_e = \mathbb{P}(+|M) = \frac{n_1}{n_1 + n_3}.$$

- La **spécificité** du test est la probabilité qu'un sujet soit négatif au test sachant qu'il n'est pas malade :

$$S_p = \mathbb{P}(-|\overline{M}) \text{ estimée ici par : } \frac{n_4}{n_2 + n_4}.$$

Utilisé en dépistage, un test doit avoir une grande sensibilité (détecter presque tous les malades). En diagnostic individuel, on préfère une grande spécificité (ne pas déclarer comme malade un individu sain).

b. Utilisation d'un test diagnostique

Désignons par $x = \mathbb{P}(M)$ la prévalence de la maladie (pourcentage de malades dans la population). On se place maintenant dans la population et non plus sur un échantillon. En utilisant le théorème de Bayes, on définit les notions qui suivent.

- La **valeur prédictive positive** est la probabilité qu'un sujet soit réellement malade sachant qu'il est positif au test :

$$VPP = \mathbb{P}(M|+) = \frac{xS_e}{xS_e + (1-x)(1-S_p)}.$$

- La **valeur prédictive négative** est la probabilité qu'un sujet ne soit pas malade sachant qu'il est négatif au test :

$$VPN = \mathbb{P}(\overline{M}|-) = \frac{(1-x)S_p}{x(1-S_e) + (1-x)S_p}.$$

- Le **rapport de vraisemblance positif** est le rappport entre la probabilité d'avoir un test positif lorsque l'individu est malade et la probabilité d'avoir un test positif lorsque l'individu n'est pas malade.

$$RVP = \frac{\mathbb{P}(+|M)}{\mathbb{P}(+|\overline{M})} = \frac{S_e}{1-S_p}.$$

Il quantifie l'apport d'un test positif.

- Le **rapport de vraisemblance négatif** est le rappport entre la probabilité d'avoir un test négatif lorsque l'individu est malade et la probabilité d'avoir un test négatif lorsque l'individu n'est pas malade.

$$RVN = \frac{\mathbb{P}(-|M)}{\mathbb{P}(-|\overline{M})} = \frac{1-S_e}{S_p}.$$

Il quantifie l'apport d'un test négatif.

2. Courbes ROC

Très souvent, un test diagnostique binaire est en fait issu de la séparation en deux catégories (dichotomisation) d'une mesure continue. Par exemple, le dosage de cholestérol total est une mesure continue, mais on ne considère le risque d'avoir une pathologie cardio-vasculaire que lorsque le taux est supérieur à 2 g.L^{-1}.

Si on abaisse le seuil au-delà duquel le test est déclaré positif, le test devient plus sensible, mais moins spécifique.

Pour chaque dichotomisation possible de la variable continue, on calcule la sensibilité S_e et le manque de spécificité $1 - S_p$.
Dans un repère, on reporte $1 - S_p$ en abscisse et S_e en ordonnée, et on joint les points obtenus. On obtient une courbe qui indique le pouvoir discriminant du test (c'est-à-dire la capacité à distinguer les deux groupes à partir de la valeur du test) sur la maladie considérée.

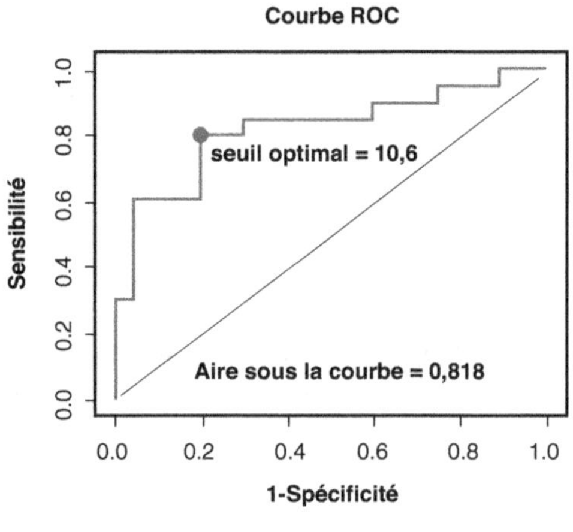

L'**aire sous la courbe** (*AUC*) quantifie le caractère discriminant :

- si l'*AUC* est égale à 0,5, le critère quantitatif ne permet pas de discriminer les deux groupes et la courbe est proche de la diagonale ;
- si l'*AUC* est supérieure à 0,5, la discrimination est d'autant meilleure que l'*AUC* s'approche de 1, qui est la valeur maximale indiquant une séparation parfaite des deux groupes.

Le point de la courbe le plus proche de l'angle supérieur gauche du graphique est le point de séparation optimale. En ce point, la valeur de $S_e + S_p - 1$ (appelé **indice de Youden**) est maximale.

Facteurs de risque d'une maladie et probabilités post-test

FICHE COURS 45

Considérons une personne tirée au hasard dans une population et notons :
M l'événement « il présente la maladie M » (exemple : le cancer de la plèvre).

F l'événement « il est soumis au facteur de risque F » (exemple : il a été exposé à l'amiante).

1. Fréquence d'une maladie

$\mathbb{P}(M)$ est la **prévalence** de la maladie M.
En épidémiologie, on introduit aussi le **taux d'incidence** qui est la vitesse d'apparition de nouveaux cas pendant une période.

2. Quantification des facteurs de risque

Pour mieux comprendre les définitions qui suivent, considérons un tableau d'effectifs qui servira de référence.

	M	$\overline{M}$	
F	n_1	n_2	
$\overline{F}$	n_3	n_4	
			n

a. Risque relatif

Le risque relatif d'être atteint de M pour ceux qui sont soumis au facteur de risque F par rapport à ceux qui ne le présentent pas, est :

$$RR = \frac{\mathbb{P}(M|F)}{\mathbb{P}(M|\overline{F})} = \frac{\dfrac{n_1}{n_1+n_2}}{\dfrac{n_3}{n_3+n_4}}.$$

Si ce quotient vaut 2,35, cela signifie que ceux qui sont soumis à F ont 2,35 fois plus de risques d'avoir la maladie M que ceux qui ne sont pas soumis à F (donc soumis à $\overline{F}$).

b. Différence de risque

La différence de risque est la différence entre le risque chez les exposés et le risque chez les non-exposés.

$$DR = \mathbb{P}(M|F) - \mathbb{P}(M|\overline{F}) = \frac{n_1}{n_1+n_2} - \frac{n_3}{n_3+n_4}.$$

Une valeur positive (resp. négative) indique une augmentation (resp. diminution) du risque chez les exposés par rapport aux non-exposés.

c. Odds ratio

L'odds ratio (rapport de cotes) est le rapport de la cote de la maladie chez les exposés et de la cote chez les non-exposés (la cote d'une probabilité p est définie par $\frac{p}{1-P}$).

$$OR = \frac{\dfrac{\mathbb{P}(M|F)}{\mathbb{P}(\overline{M}|F)}}{\dfrac{\mathbb{P}(M|\overline{F})}{\mathbb{P}(\overline{M}|\overline{F})}} = \frac{\mathbb{P}(M|F)\times\mathbb{P}(\overline{M}|\overline{F})}{\mathbb{P}(M|\overline{F})\times\mathbb{P}(\overline{M}|F)} = \frac{n_1 n_4}{n_2 n_3}.$$

Ce rapport quantifie également le risque de présenter la maladie M en présence du facteur de risque F.
Une valeur supérieure à 1 indique un plus grand risque de développer la maladie quand le facteur est présent (comme par exemple le tabac et le cancer du poumon).
Si l'OR est inférieur à 1, le facteur est protecteur (comme par exemple le régime méditerranéen et les pathologies cardio-vasculaires).

d. Fraction attribuable à un facteur

La proportion maximale de cas que l'on peut éviter (ou fraction attribuable au facteur de risque F) est :

$$RA = 1 - \frac{\mathbb{P}(M|\overline{F})}{\mathbb{P}(M)}$$

car on ne peut pas éviter les cas d'individus qui développent la maladie sans être soumis au facteur de risque.
En écrivant : $\mathbb{P}(M) = \mathbb{P}(M|F)\times\mathbb{P}(F) + \mathbb{P}(M|\overline{F})\times\mathbb{P}(\overline{F})$,
on a :

$$RA = \frac{\mathbb{P}(M) - \mathbb{P}(M|\overline{F})}{\mathbb{P}(M)}$$

$$= \frac{\mathbb{P}(M|F) \times \mathbb{P}(F) + \mathbb{P}(M|\overline{F}) \times \mathbb{P}(\overline{F}) - \mathbb{P}(M|\overline{F})}{\mathbb{P}(M|F) \times \mathbb{P}(F) + \mathbb{P}(M|\overline{F}) \times \mathbb{P}(\overline{F})}$$

puis en divisant le numérateur et le dénominateur par $P(M|\overline{F})$, et en introduisant le risque relatif *RR*, on obtient :

$$RA = \frac{RR \times \mathbb{P}(F) - \mathbb{P}(F)}{RR \times \mathbb{P}(F) + 1 - \mathbb{P}(F)} = \frac{\mathbb{P}(F)[RR-1]}{1 + \mathbb{P}(F)[RR-1]}.$$

3. Après un test diagnostique

Les rapports de vraisemblance positif *RVP* et négatif *RVN* permettent de calculer la probabilité post-test de la maladie : quelle est la probabilité que le patient soit malade si le test est positif ou sain si le test est négatif ? Prenons l'exemple de la mammographie et du cancer du sein.

a. En cas de test positif

Odd post-test de cancer en cas de test positif

$$= \text{Odd pré-test de cancer} \times RVP.$$

Probabilité post-test de cancer en cas de test positif

$$= \frac{\text{Odd post-test de cancer en cas de test positif}}{\text{Odd post-test de cancer en cas de test positif } + 1}.$$

b. En cas de test négatif

Odd post-test de cancer en cas de test négatif

$$= \text{Odd pré-test de cancer} \times RVN.$$

Probabilité post-test de cancer en cas de test négatif

$$= \frac{\text{Odd post-test de cancer en cas de test négatif}}{\text{Odd post-test de cancer en cas de test négatif} + 1}.$$

FICHE COURS 46

Essais thérapeutiques

1. Objectifs

L'objectif d'un essai thérapeutique est de comparer l'efficacité d'un nouveau médicament à celle d'un médicament de référence ou d'un placebo. La comparaison consiste le plus souvent à montrer une **supériorité** thérapeutique du nouveau médicament. Cette supériorité est jugée, soit par une augmentation de la proportion de sujets guéris ou améliorés par le nouveau médicament, soit par l'amélioration d'un critère quantitatif tel qu'une valeur de cholestérolémie. Les critères de type survie seront décrits dans une fiche à part.

Il arrive parfois que l'on cherche à montrer que deux traitements sont **équivalents**, ce qui signifie que leur effet thérapeutique ne diffère pas de plus d'une certaine marge préalablement spécifiée. L'intérêt du nouveau médicament porte alors sur une fréquence plus faible des effets secondaires. Enfin, les essais dits de **non-infériorité** visent à montrer que le nouveau traitement ne fait pas moins bien que le traitement de référence en acceptant, là aussi, une certaine marge.

2. Principe

a. Organisation

Pour être méthodologiquement valide, un essai thérapeutique doit respecter un certain nombre de critères. L'essai doit ainsi être :

- **contrôlé** : c'est-à-dire que le traitement à l'étude doit être comparé à un traitement de référence qui sera, soit un placebo, soit le médicament le plus efficace connu au moment de l'essai ;
- **randomisé** : la randomisation consiste à attribuer de façon aléatoire les traitements aux sujets inclus dans l'essai thérapeutique, de manière à équilibrer au mieux les tiers-facteurs entre les groupes ;
- **en double-aveugle ou double-insu** : pour éviter tout biais dans la mesure du critère d'évaluation principal, il faut impérativement quele médecin et le malade soient ignorants du traitement attribué. Cette

condition n'est cependant pas toujours réalisable, notamment lorsque l'on compare un traitement chirurgical et un traitement médical. L'essai est alors qualifié d'*ouvert*.

b. Fonctionnement

Si l'analyse statistique met en évidence une différence de taux de succès ou de moyennes entre les groupes, cette différence pourra être attribuée à un effet du nouveau traitement dans la mesure où les groupes sont randomisés. Les comparaisons impliquent l'utilisation d'un test statistique comme ceux décrits dans les fiches précédentes. L'utilisation d'un test statistique est rendu possible par le tirage au sort qui assure au début la réalisation de l'hypothèse nulle. En effet, en répartissant les sujets au hasard au départ de l'essai, avant application du traitement, les moyennes ou les proportions de succès sont *a priori* identiques.
Un essai thérapeutique est une situation expérimentale où l'investigateur décide de l'attribution des facteurs aux sujets de l'étude. Il diffère en cela des études observationnelles où l'investigateur observe les phénomènes sans les modifier.

[IMPORTANT]

Il est fondamental de distinguer la significativité statistique de la signification clinique d'un essai thérapeutique. Un effet significatif statistiquement ne correspond pas toujours à une amélioration médicalement substantielle.

3. Réalisation

a. Catégories d'essais thérapeutiques

Il faut d'abord définir la phase de l'essai. Ainsi, l'essai de :

- **phase I** évalue la tolérance d'un nouveau traitement, précise ses mécanismes d'action et définit la dose maximale tolérée ;
- **phase II** quantifie l'efficacité du nouveau traitement et définit sa dose ainsi que sa forme d'administration, via des études de pharmacocinétique ;
- **phase III** évalue l'efficacité en condition expérimentale par comparaison avec les traitements de références. C'est l'essai thérapeutique au sens courant du terme ;

- **phase IV** évalue le traitement dans la pratique quotidienne de sa prescription après sa mise sur le marché. Elle vise surtout à détecter des effets indésirables graves mais rares.

b. Critères de jugement

L'essai thérapeutique doit être réalisé sur une population d'étude bien définie qui permettra au mieux de montrer l'effet du traitement sans l'exagérer en sélectionnant des patients qui favoriseraient l'effet d'un des deux traitements. Des critères d'inclusion et d'exclusion sont alors définis permettant de cibler un sous-groupe homogène de la population, sous-groupe dans lequel on va constituer un échantillon aléatoire.

Il faut ensuite définir le critère de jugement sur lequel portera la comparaison entre les traitements et qui permettra de savoir si le nouveau traitement est supérieur (ou équivalent ou non-inférieur) au traitement de référence.

Enfin, il faut définir la taille de l'échantillon à recruter (voir Fiche 48).

Une fois les données recueillies, on passe à l'analyse statistique qui est menée soit en **per-protocole**, c'est-à-dire en n'utilisant que les données qui suivent rigoureusement le plan expérimental, soit le plus souvent en **intention de traiter**, c'est-à-dire en tenant compte des modifications intervenues au cours de l'essai ou écarts au protocole, tels que les erreurs d'attribution de traitement, ou les changements de groupes de traitements, par exemple pour raisons médicales ou éthiques.

4. Principaux types d'essais

Il existe deux grands types d'essais thérapeutiques :

- l'essai en **groupes parallèles**, où les patients de chaque groupe reçoivent un traitement pendant toute la durée de l'essai ;
- l'essai en **chassé-croisé** (ou en **cross-over)** où chaque patient reçoit tous les traitements comparés. Les groupes sont alors formés par les séquences de traitements attribués.

Dans un essai en chassé-croisé à deux traitements A et B, les groupes sont formés des séquences AB et BA et chaque patient reçoit les deux traitements, selon l'ordre de la séquence dans laquelle il a été randomisé. Ces essais ne sont applicables que dans des situations médicales particulières. Par ailleurs, un essai peut comparer plus que deux médicaments mais cette situation est relativement rare.

Analyse de survie

FICHE COURS 47

1. Principes

Dans certains essais thérapeutiques comme dans certaines études épidémiologiques, le critère de jugement est la durée de survie des patients et non pas un taux de succès dans le groupe ou la valeur d'un dosage. En cancérologie notamment, la durée de survie d'un patient est souvent le meilleur critère de jugement de l'efficacité d'un traitement.
On compare alors les traitements en déterminant celui qui donne la durée de survie la plus longue pour l'ensemble des patients.
La durée de survie pourrait *a priori* être considérée comme un critère quantitatif à analyser avec, par exemple, un test de Student ou un test non paramétrique, mais la survie est (heureusement) souvent longue par rapport à la durée possible de l'étude et pour un certain nombre de patients, l'étude s'arrête avant leur décès.
On ne connaît donc pas la durée exacte de la survie pour tous les patients : on dit que la durée de survie est censurée pour ces sujets dont on sait seulement que la durée de survie est supérieure à la durée d'observation.

L'analyse statistique de critères de jugement de type censuré requiert des méthodes particulières.
Les comparaisons portent alors sur la probabilité de décéder durant le suivi plutôt que sur les durées de survie directement. La probabilité de décéder est analysée via le taux de survie au temps t.

2. Définitions

Les études de survie nécessitent la définition de plusieurs dates et délais pour calculer les taux de survie. Soit un sujet inclu dans un essai thérapeutique à une date D. On définit alors :

- **la date d'origine** (DO) : date à laquelle on commence à suivre le patient. En général, c'est la date de randomisation dans un essai thérapeutique ou la date de diagnostic en épidémiologie ;

- **la date de point** (DP) : date de fin de l'étude à laquelle on vérifie le statut de chaque patient : vivant ou décédé (ou bien avec récidive ou non) ;
- **la date des dernières nouvelles** (DDN) : c'est l'instant t pour lequel on dispose les informations les plus récentes sur le sujet. C'est soit la date de décès, soit la date de la dernière consultation, en général proche de la date de point de l'étude ;
- **l'état aux dernières nouvelles** : c'est l'état (binaire) du sujet pour le critère de jugement au moment des dernières nouvelles : vivant ou décédé (en rechute ou non, etc.) ;
- **le temps de participation** (TP) : durée pendant laquelle le sujet est observé dans l'étude.

Si la DDN est antérieure à la DP, alors $TP = DDN - DO$.
Si la DDN est postérieure ou égale à la DP, alors $TP = DP - DO$;

- **un perdu de vue** : un patient est dit perdu de vue si sa DDN est antérieure à la DP et qu'il est vivant à la DDN ;
- **un exclu vivant** un patient est dit exclu vivant s'il est vivant à la DP.

Parmi les n sujets à risque, il y aura en fin d'étude d sujets décédés et c sujets censurés (les exclus vivants et les perdus de vue).
La structure des études de survie et ces définitions impliquent que l'information existante après la date de point soit ignorée pour l'analyse.

3. Calcul des taux de survie : méthode non paramétrique de Kaplan-Meier

a. Définition

Le calcul du taux de survie S_t au temps t par la méthode de Kaplan-Meier repose sur les probabilités conditionnelles.
La probabilité $\mathbb{P}(D_t|V_{t-1})$ de décéder au temps t sachant que l'on a survécu jusqu'au temps $t-1$ est :

$$\mathbb{P}(D_t|V_{t-1}) = \frac{\mathbb{P}(D_t \cap V_{t-1})}{\mathbb{P}(V_{t-1})} \quad \text{et} \quad S_t = 1 - \mathbb{P}(D_t|V_{t-1}).$$

Donc, la survie S_t au temps t est :

$$S_t = S_1 \times S_2 \times \ldots \times S_{t-1} = \prod_{i=1}^{t-1} S_i.$$

b. Exemple

Freireich a mené l'un des premiers essais d'une chimiothérapie en cancérologie. Elle comparait la 6-mercaptopurine et un placebo dans la leucémie aiguë en pédiatrie. Les survies sans rechute indiquées ci-après sont en semaines. Les durées notées avec une * sont des censures.

Dans le groupe 6-MP, les durées sont :

6,6,6,6*,7,9*,10,10*,11*,13,16,17*,
19*,20*,22,23,25*,32*,32*,34*,35*.

Les données pour le groupe placebo ne sont pas données ici.

Pour les 6 premiers temps du groupe 6-MP, les taux de survie sont donnés dans le tableau suivant, où t_i est le temps auquel intervient le décès ou la censure, n_i est l'effectif à risque, c_i indique la présence (1) ou non d'une censure, d_i indique le nombre de décès au temps t_i, D_i est le taux de décès au temps t_i et S_i est le taux de survie au temps t_i.

t_i	n_i	c_i	d_i	D_i	S_i
0	21				1
6	21	1	3	$\frac{18}{21}$	0,857
7	17	0	1	$\frac{16}{17}$	$0{,}807 = 0{,}857 \times \frac{16}{17}$
9	16	1	0	1	$0{,}807 = 0{,}807 \times 1$
⋮	⋮	⋮	⋮	⋮	⋮
35	1	1	0	1	0,448

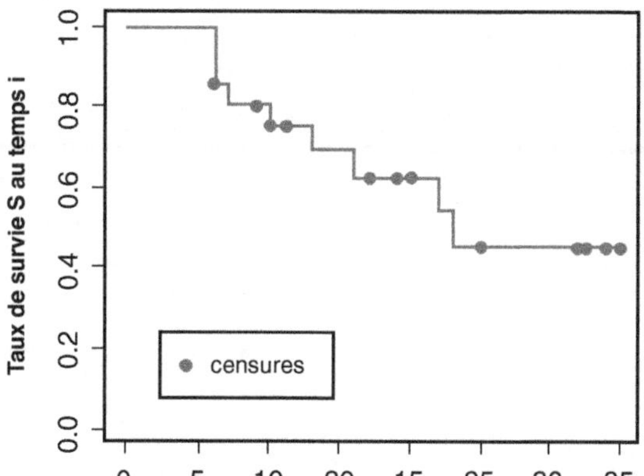

On définit la médiane de survie comme le premier temps pour lequel le taux de survie est inférieur à 0,5. Sur ces données, la médiane de survie vaut 23 semaines.

4. Représentation graphique

Les courbes de survie obtenues suivant la méthode de Kaplan-Meier sont représentées par des courbes en escaliers, une marche correspondant à un ou plusieurs décès et les censures étant indiquées par une marque sur les parties horizontales de la courbe.

Il est possible de comparer plusieurs courbes de survie par le *test du log-rank.* Par ailleurs, il existe plusieurs modèles paramétriques d'analyse de la survie.

FICHE COURS 48

Nombre de sujets nécessaires

1. Le contexte

La notion de test statistique implique un risque α et un risque β, ce dernier étant le complément de la puissance.

Pour comparer deux moyennes, le rejet ou non de l'hypothèse nulle dépend également de l'écart entre les moyennes ainsi que des variances dans chaque groupe.

Pour de grands effectifs, la comparaison de deux moyennes repose sur le test z :

$$z = \frac{\overline{x_1} - \overline{x_2}}{\sqrt{\frac{\sigma_1^2}{n_1} + \frac{\sigma_2^2}{n_2}}}.$$

Si l'écart entre les moyennes est suffisamment grand, z est grand aussi et on rejette H_0.

Le procédé peut être inversé pour déterminer, dans le cadre de la planification d'une expérimentation, la taille de l'échantillon qui permettrait de mettre en évidence une différence d'intérêt par le rejet de H_0.

Un médecin peut par exemple chercher à savoir si la baisse de cholestérolémie obtenue avec un traitement A dépasse celle obtenue avec un traitement B de 0,1 g.L^{-1}. Il lui faut alors déterminer quel est le nombre de patients à recruter pour mettre en évidence cet effet (s'il existe).

Le calcul du nombre de sujets nécessaires (pour un essai thérapeutique) ou le calcul de la taille de l'échantillon (de manière générale) répond à cette problématique.

Au-delà de l'aspect technique, le calcul du nombre de sujets nécessaires a des implications sur la logistique et le coût d'une étude. Les aspects éthiques sont également importants puisqu'une étude trop petite ne pourrait pas conclure, impliquant des patients inutilement, et une étude incluant trop de sujets en exposerait un certain nombre à un traitement qu'une étude plus petite aurait montré comme étant moins efficace.

2. La pratique

a. Comparaison de deux moyennes

Pour calculer la taille de l'échantillon dans le cas de la comparaison de deux moyennes, il faut spécifier une différence de moyennes à mettre en évidence et fixer une valeur *a priori* pour la variance de la mesure dans chaque groupe. La taille de chaque groupe à comparer est alors :

$$n = \frac{2\sigma^2}{\delta^2}(z_\alpha + z_{2\beta})^2$$

où δ est la différence attendue entre les deux moyennes et $\sigma^2 = \sigma_1^2 = \sigma_2^2$ la variance dans chaque groupe.
Suivant les hypothèses de base du test, on admet que les variances sont identiques. L'échantillon total a une taille de $N = 2n$.

b. Comparaison de deux proportions

Dans ce cas, la formule est :

$$n = \frac{\left[z_\alpha \sqrt{2\pi(1-\pi)} + z_{2\beta}\sqrt{\pi_1(1-\pi_1)+\pi_2(1-\pi_2)}\right]^2}{\delta^2}$$

où $\pi = \dfrac{\pi_1 + \pi_2}{2}$ est la moyenne des deux proportions attendues et $\delta = \pi_1 - \pi_2$ est la différence entre les deux proportions attendues. Dans ces formules, les valeurs des proportions π sont strictement comprises entre 0 et 1.

c. Remarques

- Dans le cas de la comparaison de deux moyennes, les valeurs des moyennes n'interviennent pas directement, seule la différence des moyennes intervient.
  En revanche, pour la comparaison de deux proportions, les valeurs de chaque proportion interviennent en plus de leur écart. Ainsi, chercher à tester $\pi_1 = \pi_2 + 0{,}1$ ne requiert pas le même nombre de sujets si $\pi_2 = 0{,}1$ ou si $\pi_2 = 0{,}5$.
- Il existe des formules de tailles d'échantillons pour pratiquement tous les tests statistiques courants, avec parfois plusieurs variantes. Nous n'indiquons ici les formules que pour les deux situations les plus courantes.
  De manière générale, la taille de l'échantillon nécessaire augmente quand les écarts entre groupes à mettre en évidence sont plus petits et que les valeurs de variance, de α et de $1 - \beta$ augmentent.

Élements d'épidémiologie

FICHE COURS 49

1. Généralités

L'épidémiologie est l'étude de la répartition dans le temps et dans l'espace des maladies et des déterminants de la santé.
L'épidémiologie analytique étudie plus particulièrement la relation entre les maladies et les facteurs pouvant avoir un rôle causal de ces maladies. Ces facteurs sont biologiques, environnementaux au sens large du terme, incluant par exemple des facteurs sociaux, psychologiques, ou encore les modalités d'organisation du système de santé.
On peut résumer l'épidémiologie comme l'étude de la relation entre une exposition (un déterminant de la santé, quel que soit ce déterminant) et la répartition d'une pathologie donnée.
L'épidémiologie est essentiellement observationnelle. L'investigateur a peu de latitude pour modifier les paramètres jugés importants dans l'étude. L'épidémiologie se distingue en cela de l'essai thérapeutique, où l'investigateur a la possibilité de contrôler un certain nombre des paramètres de son étude.

2. Types d'étude

Les études épidémiologiques peuvent être classées en trois types selon la façon dont l'information est recueillie : prospective, rétrospective et transversale. Dans tous les cas, l'objectif de l'étude est d'établir le lien existant entre un ou plusieurs facteurs d'exposition et une maladie d'intérêt.

a. Étude prospective

Dans une **étude prospective**, les sujets participants sont inclus dans l'étude avant d'avoir la maladie. Ils sont suivis durant la période de l'étude à la recherche de l'apparition de la maladie. On détermine par ailleurs pour chaque sujet le niveau d'exposition à un facteur donné. On parle aussi d'étude de **cohorte**.

Si la proportion de sujets exposés est contrôlée par l'investigateur, on parle d'étude **exposés-non-exposés**. L'échantillon étant construit de manière à contenir des proportions données de sujets exposés et de sujets non-exposés, la fréquence d'apparition de la maladie est étudiée en fonction du niveau d'exposition.

b. Étude rétrospective

Dans une **étude rétrospective**, l'échantillon est constitué d'un groupe de sujets ayant la maladie et d'un groupe de témoins n'ayant pas la maladie d'intérêt. Les témoins peuvent éventuellement avoir une autre maladie que la maladie d'intérêt. Pour tous les sujets (cas et témoins), le niveau d'exposition à un facteur est recherché de manière rétrospective, c'est-à-dire que la collecte des données sur l'exposition se fait après la période à laquelle a eu lieu l'exposition.
Il est possible de concevoir des études de cohortes rétrospectives où l'on détermine le niveau d'exposition *a posteriori,* mais elles sont rarement utilisées car sujettes à de nombreux biais.

c. Étude transversale

Dans une **étude transversale**, on définit simultanément le niveau d'exposition et la présence ou l'absence de la pathologie chez les sujets inclus au cours d'une étude « brève ». Ce type d'étude, qui est réalisée sur une courte période, ne peut s'appliquer en principe qu'à des pathologies fréquentes.
L'interprétation causale entre exposition et maladie est souvent difficile. En revanche, elles permettent de mesurer la prévalence de la maladie. On utilise alors des études de type sondage aléatoire simple ou sondage stratifié.

3. Quantification de l'intensité de la maladie

a. Risque de maladie

C'est le rapport entre le nombre de cas survenus pendant une période et le nombre de personnes exposées au risque :

$$R = \frac{I}{N}.$$

b. Taux d'incidence TI

C'est la vitesse moyenne d'apparition des cas dans la population. Pour le calculer, il faut connaître le nombre I de sujets chez qui la maladie est apparue pendant la période d'étude ainsi que le nombre de personnes-années PA cumulées dans l'étude, c'est-à-dire le nombre d'années d'exposition au risque de maladie que cumulent les sujets suivis pendant la période d'étude.
Par exemple, un sujet suivi pendant 30 mois cumule 2,5 personnes-années.

Alors :
$$TI = \frac{I}{PA}.$$

Le TI suppose que la vitesse est stable sur la période durant laquelle il a été calculé.

[ATTENTION]

Le TI s'exprime en nombre de cas par *personnes-années* et non pas en nombre de cas par personne *par* année.

Le TI ne doit pas être confondu avec le risque. Le risque est une probabilité et sa valeur est toujours comprise entre 0 et 1 (c'est une probabilité). Le TI est une vitesse d'apparition et il peut avoir une valeur supérieure à 1.

c. Taux de prévalence

C'est la proportion de personnes atteintes par la maladie à un instant donné dans la population.
Il se calcule comme le rapport du nombre de cas présents M au temps t sur la taille de la population N. Les cas M sont bien sûr inclus parmi les N personnes qui composent la population.

Donc :
$$P = \frac{M}{N}.$$

Ce taux s'obtient par des enquêtes transversales.

[IMPORTANT]

La relation entre le facteur de risque suspecté et la maladie s'étudie par le calcul du risque relatif, de l'odds ratio et de la fraction attribuable qui sont présentés dans la fiche 45.

Entraînement aux applications aux sciences de la vie

Énoncés

Pour chaque QCM, cocher la (ou les) réponse(s) exacte(s).

1. *(D'après concours PACES Limoges)*
Une étude est menée en milieu d'urgence pour déterminer les caractéristiques diagnostiques d'un test clinique destiné à classer les patients comme atteints ou non d'insuffisance cardiaque. Le tableau ci-dessous résume les résultats obtenus dans un échantillon de 1542 patients et compare ces résultats avec le diagnostic de référence effectué par deux cardiologues.

	insuffisance cardiaque réellement présente	insuffisance cardiaque absente	total
test positif	353	37	390
test négatif	369	783	1152
total	722	820	1542

❑ **a.** La sensibilité de ce test clinique est voisine de 0,5.

❑ **b.** La spécificité est supérieure à 90 %.

❑ **c.** La sensibilité et la spécificité de ce test dépendent de la prévalence de l'insuffisance cardiaque dans la population étudiée.

❑ **d.** La valeur prédictive positive et la valeur prédictive négative de ce test dépendent de la prévalence de l'insuffisance cardiaque dans la population d'étude.

❑ **e.** Une courbe de ROC est la représentation :

$$\text{spécificité} = f(1 - \text{sensibilité}).$$

2. *(D'après concours PACES Rouen)*
On considère un test diagnostique pour une maladie, qui n'est positif qu'en présence de cette maladie.

❑ **a.** Sa sensibilité vaut 1.

❑ **b.** Sa spécificité vaut 1.

❑ **c.** Il ne donne jamais de faux négatifs.

❑ **d.** Son rapport de vraisemblance est égal à sa spécificité.

❑ **e.** Son indice de Youden est égal à sa sensibilité.

3. *(D'après concours PACES Montpellier)*
On suit dans le cas d'une étude prospective une population exclusivement féminine. On étudie la relation entre un travail de nuit régulier et le cancer du sein. On obtient les résultats suivants :

	cancer du sein	pas de cancer du sein
travail de nuit régulier	24	151
pas de travail de nuit régulier	22	194

❑ **a.** $RR = 1{,}34$ (à 5 % près).

❑ **b.** $RR = 0{,}74$ (à 5 % près).

❑ **c.** À partir de ce risque relatif estimé, on peut affirmer que le travail de nuit régulier est un facteur de protection du cancer du sein chez la femme.

❑ **d.** À partir de ce risque relatif estimé, on peut affirmer que le travail de nuit régulier est un facteur de risque du cancer du sein chez la femme.

❑ **e.** On peut émettre une conclusion clinique définitive quant au lien entre travail de nuit régulier et cancer du sein chez la femme à partir du seul risque relatif estimé.

4. *(D'après concours PACES Nantes)*
On veut décrire la relation entre l'hypertension et le tabac dans la population générale. Pendant une semaine, on recrute tous les patients consultant leur médecin généraliste. On relève leur tension et leur consommation de tabac au jour de la consultation. Cette étude est de type (une seule réponse) :

❑ **a.** cohorte ❑ **b.** cas-témoins ❑ **c.** transversale

❑ **d.** cohortes de cas et de témoins ❑ **e.** aucune de ces réponses

5. *(D'après concours PACES Nantes)*
Le principe d'une étude cas-témoin est (une seule réponse) :
❑ **a.** de comparer les fréquences d'exposition passées chez des sujets atteints de la maladie avec des sujets non atteints de la maladie ;
❑ **b.** de comparer les fréquences des malades à celle des non malades à un moment donné ;
❑ **c.** de comparer les fréquences de survenue de la maladie chez des patients présentant un risque et chez des patients ne présentant pas ce risque ;
❑ **d.** de comparer le nombre de patients malades et non malades dans une population donnée ;
❑ **e.** de suivre le devenir de sujets malades par rapport aux sujets non malades au cours du temps.

6. *(D'après concours PACES Nantes)*
Le taux d'incidence est défini comme étant (une seule réponse) :
❑ **a.** le nombre de nouveaux cas d'une maladie dans la population pendant une unité de temps ;
❑ **b.** le nombre de cas existants d'une maladie dans la population pendant une unité de temps ;
❑ **c.** le nombre de cas existants d'une maladie dans une zone géographique définie ;
❑ **d.** le nombre de patients décédés d'une maladie donnée pendant une unité de temps ;
❑ **e.** la vitesse de dissémination géograhique d'une maladie donnée.

QCM n° 7 à 11 : *(D'après concours PACES Caen)*
Les douleurs de colique néphrétique sont considérées comme atroces. Elles sont la conséquence d'une migration d'un calcul plus ou moins gros le long des voies excrétrices urinaires.

1. Une étude s'intéresse aux taux de guérison dans les 24 heures qui suivent l'admission aux urgences pour coliques néphrétiques, selon le traitement initialement choisi par le médecin :

➢ soit une destruction du calcul par ultrasons (traitement A),
➢ soit une injection d'anti-inflammatoires associée à un antalgique morphinique (traitement B), considéré comme traitement de référence.

7. Cette étude est :

- ❑ **a.** un essai randomisé en groupes croisés.
- ❑ **b.** un essai randomisé en groupes parallèles.
- ❑ **c.** une étude cas-témoin.
- ❑ **d.** une étude transversale.
- ❑ **e.** une étude de cohorte.

2. En faisant l'hypothèse que le traitement A guérit 5 % de malades de plus que le traitement B (qui guérit 75 % des malades), en prenant un risque d'erreur α de 5 %, une puissance de 80 % et des groupes de taille égale :

8. Le nombre de sujets nécessaires, dans chaque groupe de traitement :

- ❑ **a.** est égal à 1092.
- ❑ **b.** est égal à 1249.
- ❑ **c.** est égal à 1461.
- ❑ **d.** est égal à 1672.
- ❑ **e.** n'est pas calculable car on n'a pas d'estimation de l'écart type.

3. Les proportions de succès sont les suivantes :

78 % (819/1050) pour le traitement A et 83 % (867/1050) pour le traitement B. La valeur du χ^2, pour la comparaison de ces deux pourcentages, est égale à 6,93.

9. Indiquez la (ou les) proposition(s) correcte(s) concernant cette analyse :

- ❑ **a.** La guérison est une variable quantitative.
- ❑ **b.** Le traitement A est plus efficace que le traitement B.
- ❑ **c.** Le traitement B est plus efficace que le traitement A.
- ❑ **d.** Il y a significativement plus de succès dans le groupe recevant le traitement B.
- ❑ **e.** On ne peut pas conclure.

4. On sait que les coliques néphrétiques sont plus difficiles à guérir en cas de gros calculs rénaux. En séparant les données selon la taille des calculs, les proportions de guérison sont les suivantes :

➢ Petits calculs rénaux : 93 % (243/261) pour le traitement A et 88 % (709/810) pour le traitement B (valeur du $\chi^2 = 6{,}21$).

➢ Gros calculs rénaux : 73 % (576/789) pour le traitement A et 66 % (158/240) pour le traitement B (valeur du $\chi^2 = 4{,}63$).

10. Cochez la (ou les) proposition(s) correcte(s) :

❑ **a.** Le traitement A est plus efficace que le traitement B, aussi bien pour les petits que pour les gros calculs rénaux.

❑ **b.** Le traitement B est plus efficace que le traitement A, aussi bien pour les petits que pour les gros calculs rénaux.

❑ **c.** Il y a significativement plus de succès avec le traitement B, aussi bien pour les petits que pour les gros calculs rénaux.

❑ **d.** Il y a significativement plus de succès avec le traitement A, aussi bien pour les petits que pour les gros calculs rénaux.

❑ **e.** Il y a significativement plus de succès avec le traitement A, pour les petits calculs rénaux uniquement.

5. Pour expliquer les résultats obtenus aux deux questions précédentes, les scientifiques proposent de comparer la taille du calcul rénal (gros ou petit) en fonction du traitement reçu (A ou B).

11. Cochez la (ou les) proposition(s) correcte(s) :

❑ **a.** Il y a 3,29 fois plus de gros calculs ayant reçu le traitement A par rapport aux sujets ayant reçu le traitement B.

❑ **b.** Il y a 3,15 fois plus de gros calculs ayant reçu le traitement A par rapport aux sujets ayant reçu le traitement B.

❑ **c.** Il existe une association significative entre la taille du calcul et le traitement reçu.

❑ **d.** La taille du calcul rénal est considérée dans cette étude comme une variable quantitative.

❑ **e.** Aucune des propositions précédentes n'est correcte.

QCM n° 12 et 13 : *(D'après concours PACES Caen)*
Après une infection par le VIH, le délai de survenance de la maladie SIDA est variable. Des chercheurs ont comparé la survie sans SIDA de personnes infectées par le VIH en fonction du type 1 ou 2 de la souche virale. Les résultats sont présentés sur la figure ci-dessous

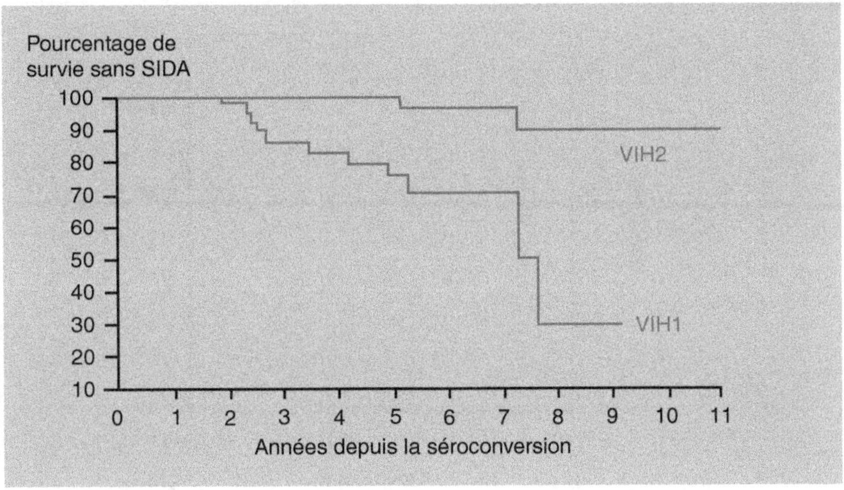

12. Concernant la médiane de survie sans SIDA après la rétroconversion par le VIH de type 1 :

- ❑ **a.** Elle est égale à 7 mois.
- ❑ **b.** Elle est égale à 4 ans.
- ❑ **c.** Elle est comprise entre 7 et 8 ans.
- ❑ **d.** On ne peut donner aucune information sur sa valeur.
- ❑ **e.** Aucune des propositions précédentes n'est correcte.

13. Quel test utilise-t-on pour comparer ces deux courbes ?

- ❑ **a.** Test de Kaplan-Meier.
- ❑ **b.** Test de Student.
- ❑ **c.** Test de Wilcoxon.
- ❑ **d.** Test du log-rank.
- ❑ **e.** Test de Mac Nemar.

QCM n° 14 à 16 : (D'après concours PACES Lyon)
Le LSM (Liver Stiffness Measurement) est une mesure continue de la consistance du foie. La valeur obtenue est utilisée comme test diagnostique de cirrhose du foie (une valeur élevée de LSM est plutôt associée à un patient cirrhotique).
Voici la courbe ROC obtenue lors de l'évaluation du test diagnostique LSM sur 50 patients cirrhotiques et 50 patients non cirrhotiques d'après les critères de la Haute Autorité de Santé.

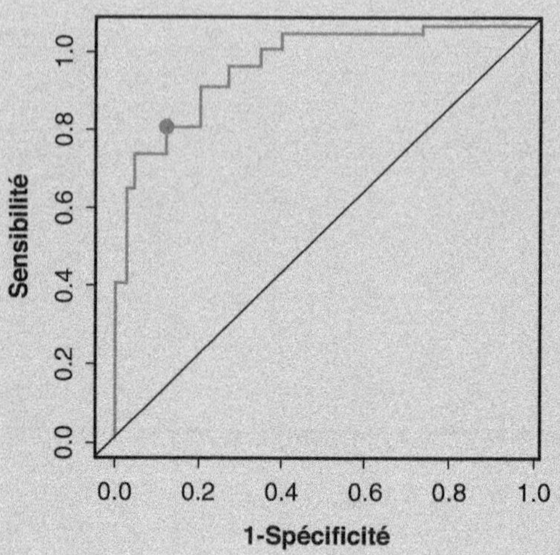

Un seuil de LSM de 22 kPa est associé à une sensibilité de 80 % et à une spécificité de 90 % (point en gris sur le graphique)

14. Parmi les propositions suivantes, vous cocherez la (les) proposition(s) exacte(s).

❑ **a.** La courbe ROC montre que le test LSM n'est pas significatif au seuil de 5 %.

❑ **b.** L'aire sous la courbe ROC est de 0,42.

❑ **c.** Il existe une valeur de seuil de LSM qui, pour une sensibilité d'au moins 80 % permet d'obtenir des valeurs de spécificité plus élevées que 90 %.

❑ **d.** Une augmentation du seuil de positivité du test LSM par rapport au seuil de 22 kPa serait associée à une augmentation de la spécificité.

❑ **e.** Une augmentation du seuil de positivité du test LSM par rapport au seuil de 22 kPa serait associée à une augmentation de la sensibilité.

Le seuil de 22 kPa est retenu par la suite comme seuil de positivité du test. Parmi les patients ayant une maladie liée au foie, 50 % ont une cirrhose du foie.

15. Parmi les propositions suivantes, vous cocherez la(les) proposition(s) exacte(s).

❑ **a.** En moyenne, sur 10 patients sans cirrhose, 2 seront identifiés à tort comme ayant une cirrhose par le test LSM.

❑ **b.** En moyenne, sur 10 patients sans cirrhose, 8 seront identifiés à raison comme ayant une cirrhose par le test LSM.

❑ **c.** Chez des patients ayant une maladie liée au foie, en cas de test LSM positif, l'odds post-test de cirrhose est de 4.

❑ **d.** Chez des patients ayant une maladie liée au foie, en cas de test LSM positif, la probabilité post-test de cirrhose est de 8/9.

❑ **e.** Chez des patients ayant une maladie liée au foie, en cas de test LSM positif, la probabilité post-test de cirrhose est de 8.

Dans l'étude concernant l'évaluation du test LSM, la moyenne du logarithme de LSM est de 3,4 kPa chez les 50 patients cirrhotiques et de 2,4 kPa chez les 50 patients non cirrhotiques. L'écart type commun des mesures individuelles du logarithme de LSM dans les deux groupes est estimé à 0,5 kPa. Un test de l'écart réduit est effectué pour comparer les moyennes observées du logarithme de LSM dans ces deux groupes.

16. Parmi les propositions suivantes, cochez la (les) proposition(s) exacte(s).

❑ **a.** Les données obtenues sont peu compatibles avec l'hypothèse nulle de l'écart réduit.

❑ **b.** La conclusion obtenue à l'issue de cette étude est généralisable à l'ensemble des personnes dont les patients de l'étude sont représentatifs, au risque d'erreur de 5 %.

❑ **c.** Il est possible de conclure de manière certaine et définitive à la présence d'une différence de moyennes du logarihme de LSM entre les patients cirrhotiques et non cirrhotiques.

❑ **d.** Plus l'erreur type de la différence de moyennes est élevée, plus l'estimation de la différence de moyennes est précise.

❑ **e.** L'erreur type de la différence de moyennes caractérise la dispersion des valeurs de différences de moyennes estimées en répétant un grand nombre de fois l'étude dans les mêmes conditions.

QCM n° 17 et 18 : (D'après concours PACES Lyon)
Un essai clinique est mené pour comparer, chez les patients atteints d'un cancer du pancréas, la tolérance de deux chimiothérapies : Gemcitabine avec Erlotinib et Gemcitabine sans Erlotinib. Voici les résultats de l'étude :

	Patients avec toxicité sévère	*Patients sans toxicité sévère*	*Totaux*
Gemcitabine sans Erlotinib	*12*	*48*	*60*
Gemcitabine avec Erlotinib	*42*	*18*	*60*
Totaux	*54*	*66*	*120*

17. Parmi les propositions suivantes, cochez la (les) proposition(s) exacte(s).

❑ **a.** Le critère de résultat est le type de chimiothérapie.

❑ **b.** Cet essai clinique est une étude de cohorte.

❑ **c.** Les patients sont randomisés afin de limiter les biais de confusion.

❑ **d.** Pour déterminer le nombre de patients à inclure, il a fallu faire une hypothèse sur la différence minimale de proportions de toxicité sévère que l'on souhaite être en mesure de mettre en évidence entre les deux types de chimiothérapie.

❑ **e.** Un essai randomisé est un type d'étude avec un niveau de preuve élevé.

La statistique du test de l'écart réduit pour la comparaison des proportions de toxicité sévère entre les deux groupes est d'environ 5,5. On suppose les conditions d'application du test de l'écart réduit vérifiées.

18. Parmi les propositions suivantes, cochez la (les) proposition(s) exacte(s).

❑ **a.** Un patient ayant reçu de la Gemcitabine sans Erlotinib a, en moyenne, 3,5 fois moins de risque de développer une toxicité sévère durant les 6 premiers mois de chimiothérapie qu'un patient ayant reçu de la Gemcitabine avec Erlotinib.

❑ **b.** La valeur 5,5 prise par la statistique du test effectué est à comparer à 3,84 pour prendre une décision statistique.

❑ **c.** Il existe une différence de proportions de toxicité sévère significative selon le type de chimiothérapie, au risque d'erreur 5 %.

❑ **d.** Chaque fois que deux patients seront traités sous Gemcitabine sans Erlotinib (au lieu de Gemcitabine avec Erlotinib), on évitera, en moyenne, un patient développant une toxicité sévère durant les 6 premiers mois de traitement.

❑ **e.** Toutes choses égales par ailleurs, le nombre de patients à inclure dans cette étude aurait été plus faible en choisissant de conclure avec un risque d'erreur $\alpha = 0{,}10$.

QCM n° 19 à 24 : *(D'après concours PACES Lyon)*
Quatre tests enzymatiques pour le diagnostic d'infection à Chlamydia trachomatis *ont été évalués chez des femmes adultes (tests A à D).*
Les sensibilités et spécificités des tests A et B sont reportées dans le tableau suivant :

	Test A	*Test B*
Sensibilité	*70 %*	*90 %*
Spécificité	*90 %*	*80 %*

19. Parmi les propositions suivantes, cochez la (les) proposition(s) exacte(s).

❑ **a.** Sachant que la sensibilité du test C est de 100 % et que ce test est positif pour une patiente, cette patiente est donc forcément infectée à *Chlamydia trachomatis.*

❑ **b.** Sachant que la spécificité du test C est de 100 % et que ce test est négatif pour une patiente, cette patiente n'est donc pas infectée à *Chlamydia trachomatis.*

❑ **c.** Le test A est positif. La patiente a donc 70 % de risque d'être infectée à *Chlamydia trachomatis.*

❑ **d.** Le test B a un taux de faux négatifs plus élevé que le test A (sans tenir compte du niveau de significativité statistique).

❑ **e.** Le test B a un taux de faux positifs plus élevé que le test A (sans tenir compte du niveau de significativité statistique).

À l'issue de l'examen clinique, un médecin considère qu'il est peu probable que la patiente soit infectée à *Chlamydia trachomatis* ; néanmoins, il souhaiterait écarter au mieux cette hypothèse.

20. Parmi l'ensemble des tests diagnostiques dont il dispose, le médecin a intérêt à choisir (plusieurs réponses exactes possibles) :

❑ **a.** Le test ayant le ratio de vraisemblance positif le plus élevé.

❑ **b.** Le test ayant le ratio de vraisemblance positif le plus proche de 1.

❑ **c.** Le test ayant le ratio de vraisemblance négatif le plus proche de 0.

❑ **d.** Le test ayant la spécificité la plus élevée.

❑ **e.** Le test ayant la sensibilité la plus élevée.

Chez la femme adulte, en cas de test A positif, la probabilité d'infection à *Chlamydia trachomatis* est de $\frac{7}{16} \approx 0,44$.

21. Parmi les propositions suivantes, cochez la (les) proposition(s) exacte(s).

❑ **a.** L'odds d'infection post-test en cas de test A positif est de $\frac{7}{25}$.

❑ **b.** L'odds d'infection post-test en cas de test A positif est de $\frac{7}{9}$.

❑ **c.** Le rapport (ou ratio) de vraisemblance négatif du test A est $\frac{1}{3}$.

❑ **d.** L'odds d'infection à *Chlamydia trachomatis* chez la femme adulte est de $\frac{1}{10}$.

❑ **e.** La probabilité pré-test d'infection à *Chlamydia trachomatis* chez la femme adulte est de $\frac{1}{10}$.

22. Parmi les propositions suivantes, cochez la (les) proposition(s) exacte(s).

❑ **a.** Le rapport de vraisemblance positif du test B est de 4,5.

❑ **b.** En cas de test B négatif, la probabilité pré-test d'infection à *Chlamydia trachomatis* est multipliée par 4,5 pour obtenir la probabilité post-test.

❑ **c.** En cas de test B négatif, la probabilité pré-test d'infection à *Chlamydia trachomatis* est de $\frac{1}{73}$.

❑ **d.** En cas de test B négatif, la probabilité pré-test d'infection à *Chlamydia trachomatis* est de $\frac{1}{72}$.

❑ **e.** La probabilité d'absence d'infection à *Chlamydia trachomatis* est plus faible en cas de test A négatif qu'en cas de test B négatif.

Un médecin considère que le bénéfice à être traité en cas d'infection à *Chlamydia trachomatis* est plus de deux fois égal à l'inconvénient d'être traité à tort en l'abscence d'infection.

23. Parmi les propositions suivantes, cochez la(les) proposition(s) exacte(s).

❑ **a.** Le médecin est prêt à traiter 2 femmes qui n'ont pas d'infection à *Chlamydia trachomatis* pour ne pas manquer une femme qui a réellement une infection à *Chlamydia trachomatis*.

❑ **b.** La probabilité d'infection à *Chlamydia trachomatis* à partir de laquelle le médecin accepte de traiter une patiente est de 0,5.

❑ **c.** La probabilité d'infection à *Chlamydia trachomatis* à partir de laquelle le médecin accepte de traiter une patiente est de 0,33.

❑ **d.** Le médecin accepte de traiter une femme adulte quand son test A est positif.

❑ **e.** Le médecin refuse de traiter une femme adulte quand son test A est positif.

Sur un ensemble de 200 femmes adultes n'ayant pas d'infection à *Chlamydia trachomatis* d'après un examen de référence (gold standard), voici les résultats obtenus avec les tests enzymatiques A et B :

	Test B négatif	**Test B positif**
Test A négatif	152	28
Test A positif	8	12

On souhaite comparer la spécificité des tests A et B.

24. Parmi les propositions suivantes, cochez la (les) proposition(s) exacte(s).

❑ **a.** La valeur absolue de la statistique du test de MacNemar pour la comparaison des deux spécificités est de $\frac{10}{3}$.

❑ **b.** La valeur absolue de la statistique du test de MacNemar pour la comparaison des deux spécificités est à comparer à la valeur seuil de 3,84.

❑ **c.** Les spécificités des tests A et B sont statistiquement différentes au risque d'erreur de 5 %.

❑ **d.** La *p*-value associée au test statistique comparant les spécificités des tests diagostiques A et B est inférieure à 5 %.

❑ **e.** La proportion de paires de résultats discordants est de $\frac{18}{100}$.

QCM n° 25 et 26 : (D'après concours PACES Lyon)
En cas de cancer colique localement avancé, la préconisation actuelle est de réaliser une chirurgie d'emblée afin de limiter la tumeur. Un essai clinique a été mené afin de mesurer l'intérêt de l'administration d'une chimiothérapie avant la réalisation de la chirurgie : deux types de chimiothérapies différentes ont été testées. Les patients ont été randomisés dans trois groupes différents :

> *groupe A : chirurgie d'emblée.*
>
> *groupe B : chimiothérapie par FOLFOX-4 (chimiothérapie), puis chirurgie.*
>
> *groupe C : chimiothérapie par FOLFOX-4 plus cétuximab (chimiothérapie), puis la chirurgie.*
>
> *Le succès du traitement a été évalué sur la présence ou l'absence de récidive 3 ans après la chirurgie.*
>
> *L'analyse principale des résultats a été réalisée en intention de traiter.*

25. Parmi les propositions suivantes, cochez la (les) proposition(s) exacte(s).

❑ **a.** Le critère de jugement de l'étude est la présence ou l'absence de récidive 3 ans après la chirurgie.

❑ **b.** L'allocation d'un patient à l'un des trois groupes était réalisée selon le souhait du patient.

❑ **c.** Cet essai clinique est une étude transversale.

❑ **d.** La réalisation des analyses en intention de traiter consiste à exclure de l'analyse les patients pour lesquels le protocole n'a pas été respecté.

❑ **e.** Le nombre de patients à inclure dans les différents groupes dépend de la puissance souhaitée afin de mettre en évidence des différences de résultats significatives.

À l'issue de l'essai clinique :

➢ Le risque relatif de récidive ente le groupe B et le groupe A a été estimé à 0,8 (comparaison des proportions de récidive : *p*-value du test de l'écart réduit inférieure à 5 %).

➢ Le risque relatif de récidive entre le groupe C et le groupe A a été estimé à 0,9 (comparaison des proportions de récidive : *p*-value du test de l'écart réduit inférieure à 5 %).

➢ Le risque de récidive à 3 ans dans le groupe C était de 25 %.

26. Parmi les propositions suivantes, cochez la (les) proposition(s) exacte(s).

❑ **a.** D'après cette étude, le fait de réaliser une chimiothérapie (FOLFOX-4 ou FOLFOX-4 plus cétuximab) avant la chirurgie est un facteur protecteur de la récidive à 3 ans, au risque d'erreur de 5 %.

❑ **b.** Le nombre de sujets à traiter selon le groupe B pour éviter un cas de récidive par rapport au groupe A est supérieur au nombre de sujets à traiter selon le groupe C pour éviter un cas de récidive par rapport au groupe A.

❑ **c.** La différence de risque de récidive entre le groupe B et le groupe A ($Risque_B - Risque_A$) est inférieure à 0 (sans tenir compte du niveau de significativité statistique).

❑ **d.** Le risque de récidive dans le groupe A est en moyenne 1,25 (1,0/8) fois supérieur à celui du groupe B d'après cette étude.

❑ **e.** La différence de risque de récidive entre le groupe C et le groupe B ($Risque_C - Risque_B$) a été estimée à 0,025.

27. *(D'après concours PACES Paris 6)*
Une étude épidémiologique est conduite pour déterminer s'il y a une association entre Atteinte Démyélinisante du Système Nerveux central (ADSN) et une vaccination contre l'hépatite B. À cette fin, on recrute 236 personnes avec ADSN et 355 personnes sans ADSN. L'interrogatoire montre que chez les 236 ADSN, 13 avaient été vaccinés contre l'hépatite B dans les 2 mois précédant le diagnostic et chez les 355 autres, 12 avaient été vaccinés dans les 2 mois précédant l'interrogatoire. **Cochez la bonne réponse**.

❑ **a.** Le risque relatif d'ADSN associé à la vaccination peut être calculé dans ce type d'étude et vaut 1,32.

❑ **b.** Le risque relatif d'ADSN associé à la vaccination ne peut être calculé dans ce type d'étude.

❑ **c.** Il existe une association significative entre ADSN et vaccination hépatite B.

❑ **d.** La vaccination hépatite B cause l'ADSN.

❑ **e.** Le rapport de cotes (ou odds ratio) d'ADSN pour la vaccination hépatite B vaut 1,32.

28. *(D'après concours PACES Lille)*
Le BNP (*brain natriuretic peptide*) est un paramètre biologique mesuré dans le sang, exprimé en picogrammes par millilitre (pg/mL). Cette étude propose d'étudier l'aptitude du dosage du

BNP à diagnostiquer l'insuffisance cardiaque en utilisant divers seuils de positivité du dosage.

On dispose pour ce faire d'un gold standard, ou classement avec une méthode de référence, pour classer de façon certaine les sujets comme ayant ou pas une insuffisance cardiaque.)

On obtient les données suivantes (VPP et VPN signifient valeurs prédictives positive et négative).

Seuil (en pg/mL)	Sensibilité	Spécificité	VPP	VPN
50	0,95	0,6	0,7	0,9
100	0,9	0,7	0,8	0,9
150	0,8	0,8	0,8	0,8

Ces données permettent d'établir la courbe ROC associée à ce test. On recherche le meilleur seuil en utilisant un critère géométrique.

❑ **a.** La courbe ROC est dessinée en utilisant la validité extrinsèque (VPP et VPN) du test.

❑ **b.** La courbe ROC est dessinée en utilisant la sensibilité et la VPP du test.

❑ **c.** Pour choisir le meilleur seuil, on calcule l'aire sous la courbe.

❑ **d.** Le meilleur seuil est 100 pg/mL.

❑ **e.** Le meilleur seuil est 150 pg/mL.

Corrigés

1. ☒ **a.** ☒ **b.** ❑ **c.** ☒ **d.** ❑ **e.**

• La sensibilité est la proportion de patients avec une insuffisance cardiaque ayant un test positif. Elle vaut donc $\frac{353}{722} = 0{,}489$. La proposition **a.** est donc vraie.

• La spécificité est ici égale à $\frac{783}{820} = 0{,}955$. Elle est supérieure à 90 %. La proposition **b.** est donc vraie.

• La proposition **c.** est fausse. Ce sont la VPP et la VPN qui dépendent de la prévalence ; la proposition **d.** est donc vraie.

• La courbe ROC est la représentation de la fonction :

$$\text{sensibilité} = f(1 - \text{spécificité}).$$

La proposition **e.** est fausse : la sensibilité et la spécificité ont été inversées.

2. ☐ **a.** ☒ **b.** ☐ **c.** ☐ **d.** ☒ **e.**

L'énoncé n'exclut pas que le test puisse être négatif chez un sujet malade. Par contre, il implique que le test ne peut pas être positif chez un sujet sain. Le signe est alors dit *pathognomonique* : il n'apparaît que chez des sujets malades.

Dans cette situation, la sensibilité peut-être inférieure à 1 (**a.** est fausse), la spécificité vaut 1 (**b.** est vraie) et il peut y avoir des faux négatifs (**c.** est fausse).

Le rapport de vraisemblance positif prend une valeur infinie puisqu'il ne peut pas y avoir de sujets sains avec un test positif (**d.** est fausse).

La sensibilité est égale à l'indice de Youden : $Y = S_e + 1 - 1 = S_e$ (**e.** est vraie).

3. ☒ **a.** ☐ **b.** ☐ **c.** ☐ **d.** ☐ **e.**

Les femmes exposées à un travail de nuit régulier ont un plus fort risque (soit $\frac{24}{24+151} \approx 0{,}137$) de présenter un cancer du sein que les femmes non-exposées (soit $\frac{22}{22+194} \approx 0{,}102$).

Le risque relatif *RR* est le risque chez les exposées divisé par le risque chez les non-exposées. Sa valeur supérieure à 1 indique une augmentation du risque parmi les exposées et il n'est donc pas un facteur de protection.

La réponse **b** est l'inverse du risque relatif.

On ne peut pas tirer de conclusion définitive sur le lien entre le travail de nuit et le cancer du sein en raison de l'absence d'un intervalle de confiance du *RR* (qui pourrait être calculé ici) et de la non-prise en compte de tiers-facteurs potentiels. On doit déclarer **d.** fausse, alors que la réponse attendue dans votre faculté est peut-être **d.** vraie.

4. ☐ **a.** ☐ **b.** ☒ **c.** ☐ **d.** ☐ **e.**

Il s'agit d'une étude de courte durée durant laquelle on recherche simultanément la présence du facteur de risque (la consommation de tabac) et la maladie (hypertension artérielle).

Dans une étude prospective, la présence de l'hypertension serait recherchée en deux temps :

initialement pour éliminer les sujets déjà hypertendus ;

puis à distance de l'inclusion pour rechercher les cas incidents selon les niveaux d'exposition.

5. ☒ **a.** ☐ **b.** ☐ **c.** ☒ **d.** ☐ **e.**

C'est la définition même de l'étude cas-témoins.

La proposition **c.** est la définition de l'étude exposés-non-exposés.

Les autres définitions ne correspondent à aucun type d'étude particulier.

6. ☒ **a.** ☐ **b.** ☐ **c.** ☐ **d.** ☐ **e.**

C'est la définition du taux d'incidence.

7. ☐ **a.** ☒ **b.** ☒ **c.** ☐ **d.** ☐ **e.**

Les sujets ont le même traitement durant toute l'étude (**a.** fausse et **b.** vraie). Pas de sélection avant la maladie (**d.** fausse) ni de niveau d'exposition spécifié (**e.** fausse) : il s'agit d'une étude cas-témoin (**c.** vraie).

8. ☒ **a.** ☐ **b.** ☐ **c.** ☐ **d.** ☐ **e.**

On cherche à déterminer le nombre de sujets pour un test bilatéral de comparaison entre deux proportions pour deux échantillons indépendants. La formule à utiliser est :

$$n = \frac{(z_\alpha \sqrt{2\pi(1-\pi)} + z_{2\beta}\sqrt{\pi_1(1-\pi_1)+\pi_2(1-\pi_2)})^2}{\delta^2}$$

avec $\pi = \dfrac{\pi_1 + \pi_2}{2}$, $\delta = \pi_1 - \pi_2$.

Application numérique : $\pi_1 = 0{,}8$, $\pi_2 = 0{,}75$, $\pi = 0{,}775$, $\delta = 0{,}05$, $\alpha = 0{,}05$, $z_\alpha = 1{,}96$, $\beta = 1 - 0{,}8 = 0{,}2$, $z_{2\beta} = 0{,}84$.

On en déduit que :

$$n = \frac{\left[1{,}96\sqrt{2(0{,}775)(1-0{,}775)} + 0{,}84\sqrt{0{,}8(1-0{,}8)+0{,}75(1-0{,}75)}\right]^2}{(0{,}05)^2}.$$

$$= 1092{,}5$$

La proposition **a.** est la seule à être vraie.

9. ☐ **a.** ☐ **b.** ☒ **c.** ☐ **d.** ☐ **e.**

a. est fausse. La guérison est une variable qualitative binaire.

Les propositions **b.** et **c.** concernent uniquement les valeurs observées sur les échantillons puisque la notion de significativité statistique n'est pas utilisée. Nous observons que pour le traitement **B** la fréquence des succès (83 %) est plus élevée que pour le traitement A (78 %) : **b.** est fausse et **c.** est vraie.

d. est fausse. Le test du χ^2 employé dans ce QCM ne permet pas de tester une problématique unilatérale telle que celle énoncée dans cette réponse.

10. ☒ **a.** ❑ **b.** ❑ **c.** ❑ **d.** ❑ **e.**

Le test du χ^2 employé dans ce QCM ne permet pas de tester une problématique unilatérale telle que celle énoncée dans les réponses **c., d.** et **e.** qui sont par conséquent fausses.

Les propositions **a.** et **b.** concernent uniquement les valeurs observées sur les échantillons puisque la notion de significativité statistique n'est pas utilisée. Nous observons que pour le traitement A les deux fréquences des succès sont plus élevées que pour le traitement B (93 % > 88 % et 73 % > 66 %) : **a.** est vraie.

N.B. : Le paradoxe rencontré aux QCM 9 et 10 est appelé le paradoxe de Simpson.

11. ☒ **a.** ❑ **b.** ❑ **c.** ❑ **d.** ❑ **e.**

789 gros calculs rénaux pour le traitement A et 240 pour le traitement B. 89/240 = 3,29 donc **a.** vraie et **b.** fausse.

c. est vraie. Procédons à un test du χ^2 d'indépendance entre les deux variables *Taille du calcul rénal* et *Traitement reçu.* Commençons par construire les tableaux des effectifs observés et attendus.

		Traitement A	Traitement B	Total
Taille	Petit	261	810	1071
	Gros	789	240	1029
	Total	1050	1050	2100

Effectifs observés

		Traitement A	Traitement B	Total
Taille	Petit	535,5	535,5	1071
	Gros	514,5	514,5	1029
	Total	1050	1050	2100

Effectifs attendus

Tous les effectifs attendus sont supérieurs ou égaux à 5, l'effectif total dépasse 50. Les conditions de l'approximation par une loi du χ^2 sont donc remplies. La valeur de la statistique du χ^2 vaut 574,3 qui est supérieure ou égale à la valeur critique, pour un niveau de significativité de 5 %, égale à 3,84. Le test est donc significatif au seuil de 5 % et il existe une association significative entre la taille du calcul et le traitement reçu.

d. est fausse. La taille du calcul est considérée dans cette étude comme une variable qualitative binaire.

e. est fausse. En effet, **a.** et **c.** sont correctes.

12. ❑ **a.** ❑ **b.** ☒ **c.** ❑ **d.** ❑ **e.**

Une lecture graphique en suivant l'horizontale $y = \frac{1}{2}$ donne **c.** vraie.

13. ❑ **a.** ❑ **b.** ❑ **c.** ☒ **d.** ❑ **e.**

C'est un test du log-rank (**d.** vraie) qui sert à comparer les deux courbes de survie empiriques.

14. ❑ **a.** ❑ **b.** ❑ **c.** ☒ **d.** ❑ **e.**

a. est fausse. Il s'agit ici d'un test médical et non d'un test statistique.

b. est fausse. L'aire est $\geqslant 0{,}5$ car la courbe est au-dessus de la diagonale principale du carré.

c. est fausse. Un point associé à une vraisemblance positive de sensibilité de 80 % et à une valeur de spécificité strictement supérieure à 90 % devrait être situé à gauche du point repéré sur la figure E-2 car celui-ci est associé à une sensibilité de 80 % et à une spécificité de 90 %. Or il n'existe pas de tel point.

d. est vraie. Si le seuil de positivité du test LSM augmente, le nombre de patients sains avec un test négatif augmente : la spécificité augmente.

e. est fausse. Une valeur élevée de LSM étant plutôt associée à un patient cirrhotique, une augmentation du seuil de positivité du test LSM fera diminuer le nombre de patients malades avec un test positif : la sensibilité diminue.

15. ❑ **a.** ❑ **b.** ❑ **c.** ☒ **d.** ❑ **e.**

a. est fausse. $\mathbb{P}(+|\overline{M}) = 1 - \mathbb{P}(-|\overline{M}) = 1 - Sp = 0{,}1$. Donc en moyenne sur 10 patients sans cirrhose, 1 identifié comme malade à tort.

b. Fausse. La phrase n' est pas cohérente.

c. Fausse.
Odd post-test = Odd pré-test × Rapport de vraisemblance positif = 8

puisque Odd pré-test $= \dfrac{\text{Proba pré-test}}{1-\text{Proba pré-test}} = \dfrac{1/2}{1-1/2} = 1$

et Rapport de vraisemblance positif $= \dfrac{Se}{1-Sp} = \dfrac{0{,}8}{1-0{,}9} = 8.$

d. est vraie et **e.** est fausse. Proba post-test $= \dfrac{8}{1+8} = \dfrac{8}{9}$.

16. ☒ **a.** ☒ **b.** ☐ **c.** ☐ **d.** ☒ **e.**
Les conditions d'utilisation du test de l'écart réduit sont remplies $n_1 = 50 \geqslant 30$ et $n_2 = 50 \geqslant 30$.

a. est vraie. La réalisation de la statistique du test de l'écart réduit calculée à partir de l'échantillon vaut :

$$z = \frac{3{,}4-2{,}4}{\sqrt{\frac{0{,}5^2}{50}+\frac{0{,}5^2}{50}}} = \frac{3{,}4-2{,}4}{\sqrt{\frac{2}{200}}} = 10.$$

Sous l'hypothèse nulle du test de l'écart réduit, la statistique de test suit une loi normale centrée et réduite pour laquelle il est extrêmement peu probable que l'une de ses réalisations dépasse 10.

b. est vraie. La valeur critique pour le test de l'écart réduit bilatéral et un niveau de significativité de 5 % est $z_{0,05} = 1{,}96$. Puis $|z| \geqslant 1{,}96$, donc le test est significatif au seuil de 5 % et la conclusion généralisable à la population.

c. est fausse. Il existe un risque d'erreur associé à la décision de conclure à la présence d'une différence de moyennes du logarithme de LSM entre les patients cirrhotiques et non cirrhotiques. C'est un risque d'erreur de première espèce qui vaut 5 %.

d. est fausse. C'est l'inverse.

e. est vraie. Par définition l'erreur type est l'écart-type de l'estimateur de la différence des moyennes utilisé.

17. ❑ **a.** ❑ **b.** ❑ **c.** ☒ **d.** ☒ **e.**

a. est fausse. Le critère de résultat est la toxicité.

c. est fausse. Le risque de biais de confusion est atténué par l'utilisation d'un groupe contrôle, celui de biais de sélection par la randomisation.

d. est vraie. L'objectif de l'étude est de comparer deux proportions. Elle est randomisée et ainsi la formule donnant le nombre de patients à inclure est :

$$n = \frac{\left[z_\alpha \sqrt{2\pi(1-\pi)} + z_{2\beta}\sqrt{\pi_1(1-\pi_1)+\pi_2(1-\pi_2)}\right]^2}{\delta^2}$$

avec $\pi = \frac{\pi_1+\pi_2}{2}$, $\delta = \pi_1 - \pi_2$. L'effectif dépend de $\delta = \pi_1 - \pi_2$ qui est la différence minimale de proportions de toxicité sévère que l'on souhaite être en mesure de mettre en évidence entre les deux types de chimiothérapie.

18. ☒ **a.** ❑ **b.** ☒ **c.** ☒ **d.** ☒ **e.**

a. est vraie.

Le rapport $\frac{\mathbb{P}(\text{Sévère} \mid \text{-Erl})}{\mathbb{P}(\text{Sévère} \mid \text{+Erl})}$ est estimé par $\frac{12/60}{42/60} = \frac{2}{7} = \frac{1}{3{,}5}$.

b. est fausse. Comme la décision est prise au seuil de 5 % pour un test de l'écart réduit bilatéral, la valeur absolue de la réalisation de la statistique de test est à comparer avec $z_{0{,}05} = 1{,}96$.

c. est vraie. La valeur absolue de la réalisation de la statistique de test vaut $5{,}5 \geqslant 1{,}96$; le test est significatif au seuil de 5 %. Il existe une différence de proportions de toxicité sévère significative selon le type de chimiothérapie, au risque d'erreur 5 %.

d. est vraie.

$\mathbb{P}(\text{Sévère} \mid \text{+Erl}) = \frac{42}{60} = \frac{7}{10}$ et $\mathbb{P}(\text{Sévère} \mid \text{-Erl}) = \frac{12}{60} = \frac{1}{5}$.

Ainsi, en moyenne, pour deux patients les effectifs attendus sont égaux à $\text{Eff}_{\text{Sévère} \mid +\text{Erl}} = 2\frac{7}{10} = 1{,}4$ et $\text{Eff}_{\text{Sévère} \mid -\text{Erl}} = 2\frac{1}{5} = 0{,}4$.

D'où une différence $\text{Eff}_{\text{Sévère} \mid +\text{Erl}} - \text{Eff}_{\text{Sévère} \mid -\text{Erl}} = 1{,}4 - 0{,}4 = 1$.

e. est vraie. Toutes choses étant égales par ailleurs, si nous faisons augmenter le risque d'erreur de première espèce α de 5 % à 10 %, le risque d'erreur de deuxième espèce β diminuera et ainsi l'effectif requis pour obtenir la même puissance décroîtra.

19. ❑ **a.** ❑ **b.** ❑ **c.** ❑ **d.** ☒ **e.**

a. est fausse. La sensibilité n'est pas la valeur prédictive positive.

b. est fausse. La spécificité n'est pas la valeur prédictive négative.

c. est fausse. Confusion entre $\mathbb{P}(M|+)$ et $\mathbb{P}(+|M) = 70$ %.

d. est fausse. Taux de faux négatifs $\mathbb{P}(-|M) = 1 - \mathbb{P}(+|M) = 1 - Se$. Pour le test A, il est égal à 30 % et, pour le test B, à 10 %.

e. est vraie. Taux de faux positifs $\mathbb{P}(+|\overline{M}) = 1 - \mathbb{P}(-|\overline{M}) = 1 - Sp$. Pour le test A, il est égal à 10 % et, pour le test B, à 20 %.

20. ☒ **a.** ❑ **b.** ☒ **c.** ☒ **d.** ☒ **e.**

a. est vraie. Le rapport de vraisemblance positif quantifie l'apport d'un test positif.

b. est fausse. Plus le rapport de vraisemblance positif est grand, meilleur est le test pour cet aspect.

c. est vraie. Le rapport de vraisemblance positif quantifie l'apport d'un test négatif. Plus il est proche de 0, meilleur est le test pour cet aspect.

d. est vraie. En termes de valeurs prédictives positive (VPP) et négative (VPN) :

$$VPP = \frac{xSe}{xSe + (1-x)(1-Sp)}$$

et $VPN = \dfrac{(1-x)Sp}{x(1-Se) + (1-x)Sp} = 1 - \dfrac{x(1-Se)}{x(1-Se) + (1-x)Sp}$

avec $x = \mathbb{P}(M)$.

Les VPP et VPN augmentent lorsque la spécificité Sp augmente.

e. est vraie. En termes de valeurs prédictives positive (VPP) et négative (VPN) :

$$VPP = \frac{xSe}{xSe + (1-x)(1-Sp)} = 1 - \frac{(1-x)(1-Sp)}{xSe + (1-x)(1-Sp)}$$

et $VPN = \dfrac{(1-x)Sp}{x(1-Se)+(1-x)Sp}$ avec $x = \mathbb{P}(M)$.

Les VPP et VPN augmentent lorsque la sensibilité Se augmente.

21. ☐ **a.** ☒ **b.** ☒ **c.** ☐ **d.** ☒ **e.**

a. est fausse et **b.** est vraie. Pour le test A :

$$\mathbb{P}(M|+) = \frac{7}{16} = VPP = \frac{xSe}{xSe+(1-x)(1-Sp)}.$$

$$= \frac{x\frac{7}{10}}{x\frac{7}{10}+(1-x)(1-\frac{9}{10})} = \frac{7x}{1+6x}$$

D'où $7(1 + 6x) = 16(7x)$ soit encore $x = \dfrac{1}{10} = \mathbb{P}(M)$.

Puis, pour le test A, l'odds post-test = odds pré-test $\times \dfrac{Se}{1-Sp}$

$$= \frac{x}{1-x}\frac{Se}{1-Sp} = \frac{\frac{1}{10}}{1-\frac{1}{10}}\frac{\frac{7}{10}}{1-\frac{9}{10}} = \frac{7}{9}.$$

c. est vraie.

Ratio de vraisemblance négatif du test A :

$$RVN = \frac{1-Se}{Sp} - \frac{1-\frac{7}{10}}{\frac{9}{10}} = \frac{1}{3}.$$

d. est fausse et **e.** est vraie.

Probabilité pré-test $\mathbb{P}(M) = \dfrac{1}{10}$

donc l'odds pré-test d'infection $= \dfrac{\frac{1}{10}}{1-\frac{1}{10}} = \dfrac{1}{9}$.

22. ☒ **a.** ☐ **b.** ☐ **c.** ☐ **d.** ☒ **e.**

a. est vraie. Ratio de vraisemblance positif du test B :

$$RVP = \frac{\mathbb{P}[+|M]}{\mathbb{P}[+|\overline{M}]} = \frac{Se}{1-Sp} = \frac{\frac{9}{10}}{1-\frac{8}{10}} = \frac{9}{2}.$$

b. est fausse. Odds post-test d'infection = odds pré-test d'infection $\times RVN$ avec $RVN = \frac{1-Se}{Sp} = \frac{1-\frac{9}{10}}{\frac{8}{10}} = \frac{1}{8}$. Le coefficient multiplicatif est ainsi égal à 1/8 = 0,125.

c. et **d.** sont fausses. La probabilité pré-test d'infection n'est pas affectée par le résultat du test. D'autre part, d'après la question **e.** du QCM 21, la probabilité pré-test d'infection est $\mathbb{P}(M) = \frac{1}{10}\cdot$

Profitons-en pour calculer les probabilités post-test d'infection en cas de test B négatif et en cas de test B positif.

odds post-test d'infection en cas de test B négatif

$$= \text{odds pré-test d'infection} \times RVN$$

$$\text{avec } RVN = \frac{1-Se}{Sp} = \frac{1-\frac{9}{10}}{\frac{8}{10}} = \frac{1}{8}$$

$$\text{et odds pré-test d'infection } = \frac{\mathbb{P}(M)}{1-\mathbb{P}(M)} = \frac{\frac{1}{10}}{1-\frac{1}{10}} = \frac{1}{9}$$

d'où odds post-test d'infection en cas de test B négatif

$$= \text{odds pré-test d'infection} \times RVN = \frac{1}{9} \times \frac{1}{8} = \frac{1}{72}\cdot$$

proba post-test d'infection en cas de test B négatif

$$= \frac{\text{odds post-test d'infection en cas de test B négatif}}{1+\text{odds post-test d'infection en cas de test B négatif}}$$

$$= \frac{\frac{1}{72}}{1+\frac{1}{72}} = \frac{1}{73}\cdot$$

odds post-test d'infection en cas de test B positif

$$= \text{odds pré-test d'infection} \times RVP$$

$$\text{avec } RVP = \frac{Se}{1-Sp} = \frac{\frac{9}{10}}{1-\frac{8}{10}} = \frac{9}{2}$$

$$\text{et odds pré-test d'infection } = \frac{\mathbb{P}(M)}{1-\mathbb{P}(M)} = \frac{\frac{1}{10}}{1-\frac{1}{10}} = \frac{1}{9}$$

d'où odds post-test d'infection en cas de test B positif

$$= \text{odds pré-test d'infection} \times RVP = \frac{1}{9} \times \frac{9}{2} = \frac{1}{2}.$$

proba post-test d'infection en cas de test B positif

$$= \frac{\text{odds post-test d'infection en cas de test B positif}}{1 + \text{odds post-test d'infection en cas de test B positif}}$$

$$= \frac{\frac{1}{2}}{1 + \frac{1}{2}} = \frac{1}{3}.$$

e. est vraie.

$$VPN_A = \frac{(1 - \frac{1}{10}) \frac{9}{10}}{\frac{1}{10}(1 - \frac{7}{10}) + (1 - \frac{1}{10}) \frac{9}{10}} = \frac{9 \times 9}{(10 - 7) + (10 - 1) \times 9}$$

$$= \frac{81}{84} = \frac{27}{28}.$$

$$VPN_B = \frac{(1 - \frac{1}{10}) \frac{8}{10}}{\frac{1}{10}(1 - \frac{9}{10}) + (1 - \frac{1}{10}) \frac{8}{10}} = \frac{9 \times 8}{(10 - 9) + (10 - 1) \times 8}$$

$$= \frac{72}{73}.$$

Par conséquent, $VPN_B > VPN_A$.

23. ☒ **a.** ❑ **b.** ☒ **c.** ☒ **d.** ❑ **e.**

a. est vraie. Si le médecin traite une femme atteinte de *Chlamydia trachomatis,* le bénéfice est B.

S'il traite une femme qui n'est pas atteinte de la maladie, le préjudice est $I = B/2$. L'équilibre est obtenu pour :

$$B \times \text{Nombre traitées} = I \times \text{Nombre non traitées}$$

$$= 2B \times \text{Nombre non traitées}$$

d'où le rapport recherché : $\dfrac{\text{Nombre traitées}}{\text{Nombre non traitées}} = 2.$

b. est fausse et **c.** est vraie. Notons $\mathbb{P}(M)$ la probabilité pour une femme d'être infectée par *Chlamydia trachomatis*. Décider de traiter un sujet aboutit au bilan :

$$\begin{aligned}\mathbb{P}(M)\times B-\mathbb{P}(\overline{M})I &= I\times(2\mathbb{P}(M)-\mathbb{P}(\overline{M}))\\ &= I\times(2\mathbb{P}(M)-(1-\mathbb{P}(\overline{M})))\\ &= I\times(3\mathbb{P}(M)-1).\end{aligned}$$

Ce bilan est positif dès que $\mathbb{P}(M)\geqslant\frac{1}{3}\cdot$

d. est vraie et **e.** est fausse. On a calculé à la question **b.** du QCM 21 l'odds d'infection post-test en cas de test A positif. Il vaut $\frac{7}{9}\cdot$ La probabilité post-test d'infection en cas de test A positif est donc égale á : $\frac{\frac{7}{9}}{1+\frac{7}{9}}=\frac{7}{16}>\frac{7}{21}=\frac{1}{3}\cdot$

24. ☒ **a.** ☐ **b.** ☒ **c.** ☒ **d.** ☒ **e.**

a. est vraie. L'énoncé parle de la valeur absolue de la statistique du test de Mac Nemar et par conséquent nous devons travailler avec la version z du test. La valeur recherchée est donc :

$$\frac{|28-8|}{\sqrt{28+8}}=\frac{20}{\sqrt{36}}=\frac{10}{3}.$$

b. est fausse. L'énoncé parle de la valeur absolue de la statistique du test de Mac Nemar et par conséquent nous devons travailler avec la version z du test. Il est implicitement question d'un seuil de significativité de 5 %, la problématique étant bilatérale (différence entre les deux spécificités), la valeur critique, lorsque les conditions d'utilisation du test sont remplies, est égale à 1,96. 3,84 correspond à la valeur critique de la version χ^2 du test de Mac Nemar.

c. est vraie. Les conditions d'utilisation du test sont remplies puisque 28 + 8 ⩾ 10 et que l'échantillon de 200 femmes semble avoir été constitué aléatoirement. Puis $\frac{10}{3}\approx 3,33\geqslant 1,96$.

Le test est donc significatif au seuil $\alpha = 5$ % : les spécificités des tests A et B sont statistiquement différentes au risque d'erreur de 5 %.

d. est vraie. Le test est significatif au seuil de 5 % (**c.** est vraie), la p-valeur associée au test statistique comparant les spécificités des tests diagnostiques A et B est de ce fait inférieure à 5 %.

e. est vraie. La proportion de paires discordantes est $\frac{28+8}{200}=\frac{18}{100}$.

25. ☒ **a.** ☐ **b.** ☐ **c.** ☐ **d.** ☐ **e.**

a. est vraie. *Le succès du traitement a été évalué sur la présence ou l'absence de récidive 3 ans après la chirurgie.*

b. est fausse. *Les patients ont été randomisés dans trois groupes différents.*

d. est fausse. « *per-protocole* ».

e. est fausse. La première demi-phrase est correcte : *Le nombre de patients à inclure dans les différents groupes dépend de la puissance souhaitée.* Par contre la seconde partie de la phrase ne l'est pas, *afin de mettre en évidence des différences de résultats significatives.*

26. ☒ **a.** ☐ **b.** ☒ **c.** ☐ **d.** ☐ **e.**

a. est vraie. En supposant que les conditions d'utilisation des deux tests unilatéraux de l'écart-réduit sont remplies, nous constatons que ces tests sont significatifs au seuil de 5 %.

b. est fausse.

Le risque relatif $\frac{\mathbb{P}(M|B)}{\mathbb{P}(M|A)}<\frac{\mathbb{P}(M|C)}{\mathbb{P}(M|A)}$ d'où $\mathbb{P}(M|B)<\mathbb{P}(M|C)$:

le traitement reçu par les sujets du groupe B limite plus la récidive que celui reçu par les sujets du groupe C.

Le nombre de sujets à traiter selon le groupe B pour éviter un cas de récidive par rapport au groupe A est **inférieur** au nombre de sujets à traiter selon le groupe C pour éviter un cas de récidive par rapport au groupe A.

c. est vraie. $\frac{\mathbb{P}(M|B)}{\mathbb{P}(M|A)}=0{,}8$ d'où $\mathbb{P}(M|B)=0{,}8\times\mathbb{P}(M|A)$

et par conséquent $\mathbb{P}(M|B)-\mathbb{P}(M|A)=0{,}8\times\mathbb{P}(M|A)-\mathbb{P}(M|A)$ $=-0{,}2\times\mathbb{P}(M|A)<0$.

d. est fausse. L'ordre de grandeur avancé dans la réponse correspond à $\frac{\mathbb{P}(M|A)}{\mathbb{P}(M|B)}=\frac{1}{\frac{\mathbb{P}(M|B)}{\mathbb{P}(M|A)}}=\frac{5}{4}=1{,}25$. Il y a une ambigüité liée à l'utilisation d'**en moyenne** qui laisse penser que nous aurions montré que cette différence est celle existant entre les deux populations et non seulement celle présente entre les échantillons. Cette induction n'est pas justifiée et cette valeur de 1,25 n'est qu'une estimation ponctuelle de la vraie valeur de la différence entre les deux populations qui, quant à elle, reste inconnue.

e. est fausse.

$\mathbb{P}(M|C) = \frac{1}{4}$ et $\frac{\mathbb{P}(M|C)}{\mathbb{P}(M|A)} = \frac{9}{10}$ d'où $\mathbb{P}(M|A) = \frac{\frac{1}{4}}{\frac{9}{10}} = \frac{5}{18}\cdot$

Nous déduisons alors de $\frac{\mathbb{P}(M|B)}{\mathbb{P}(M|A)} = \frac{4}{5}$ que $\mathbb{P}(M|B) = \frac{4}{5} \times \frac{5}{18} = \frac{2}{9}\cdot$

D'où la différence recherchée

$$\mathbb{P}(M|C) - \mathbb{P}(M|B) = \frac{1}{4} - \frac{2}{9} = \frac{1}{36} \neq \frac{1}{40} = 0{,}025.$$

27. ❑ **a.** ☒ **b.** ❑ **c.** ❑ **d.** ❑ **e.**

Il s'agit d'une étude rétrospective. En effet, les sujets sont recrutés sur le fait qu'ils aient ou pas la maladie. Et ensuite, on détermine leur exposition ou non à une vaccination contre l'hépatite B. L'obtention des informations malade ou pas et exposé ou pas se fait donc dans le sens inverse au sens logique qui veut que l'exposition précède la maladie.

Dans ce type d'étude, dite cas-témoin, le risque relatif n'a pas de sens car seule la répartition des expositions dans chaque groupe malade ou non malade est représentative de la réalité. Inversement, la proportion de malades parmi les vaccinés n'est pas représentative de la répartition dans la population générale. En effet, ici, la répartition des sujets malades et sains n'est pas la même que dans la population générale, puisque l'on sélectionne les sujets sur ce critère, en prenant généralement des effectifs égaux ou presque. La proportion de sujets malades dans l'échantillon n'est donc pas du tout comparable à celle de la population. Il en est de même dans chaque groupe exposé et non exposé et de ce fait, le risque relatif (*RR*) n'a pas de sens.

• **a.** est fausse. On ne peut pas calculer le RR dans ce type d'étude rétrospective, car il n'a pas de sens. Si on le faisait quand même, on trouverait bien 1,32.
• **b.** est vraie. Cette réponse est exacte, comme expliqué plus haut.
• **c.** est fausse. Il faut ici appliquer un test du χ^2 à 1 ddl. Sa valeur est de 1,58. Si l'on prend un risque $\alpha = 0,05$ (ou $\alpha = 0,01$ par exemple), on ne rejette pas l'hypothèse nulle d'équirépartition des lignes et des colonnes.

• **d.** est fausse. S'agissant d'une étude rétrospective et observationnelle, on ne peut de toute façon pas affirmer la causalité entre vaccination et hépatite B. Ce serait encore vrai même si l'on avait rejeté H0.

• **e.** est fausse. Le rapport de cotes vaut ici $(13 \times 343)/(12 \times 223) = 1,67$.

28. ❑ **a.** ❑ **b.** ❑ **c.** ☒ **d.** ❑ **e.**

Dans cette question, il s'agit de déterminer le meilleur seuil de BNP permettant de classer les sujets comme ayant ou non une insuffisance cardiaque avec le minimum d'erreurs de classement. Idéalement, une courbe ROC contient beaucoup plus que 3 seuils.

• **a.** est fausse et **b.** est fausse. La courbe ROC est tracée en utilisant la S_e et $1 - S_p$.
• **c.** est fausse. Pour déterminer le meilleur seuil, on utilise l'indice de Youden $(S_e + S_p - 1)$.

• **d.** est vraie et **e.** est fausse. En effet, l'indice de Youden vaut ici $0,9 + 0,7 - 1 = 0,6$. Sa valeur pour le seuil de 150 pg/mL est également de $0,6(0,8 + 0,8 - 1)$ mais pour le seuil de 100 pg/mL, la *VPN* est meilleure que pour le seuil de 150 pg/mL (0,9 au lieu de 0,8), pour une *VPP* identique (0,8). Donc, globalement, le seuil de 100 pg/mL est le meilleur.

Tables

Table 1

Fonction de répartition de la loi normale centrée réduite

Si Z suit la loi normale centrée réduite, pour $x \geqslant 0$, la table donne la valeur : $\phi(x) = \mathbb{P}(Z \leqslant x)$.

La valeur x s'obtient par adition des nombres inscrits en marge.

Pour $x < 0$, on a : $\phi(x) = 1 - \phi(-x)$

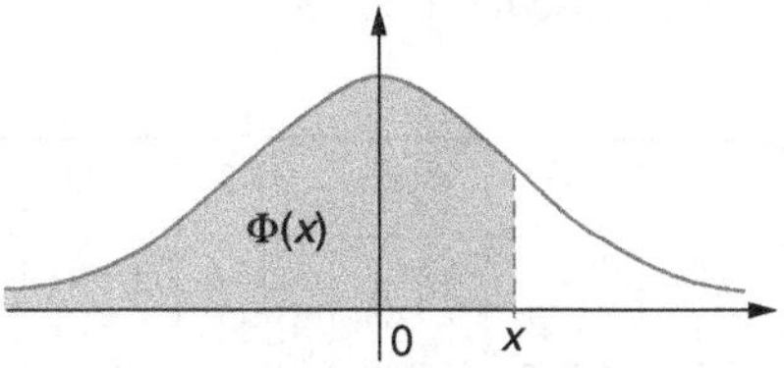

x	0,00	0,01	0,02	0,03	0,04	0,05	0,06	0,07	0,08	0,09
0,0	0,500 0	0,504 0	0,508 0	0,512 0	0,516 0	0,519 9	0,523 9	0,527 9	0,531 9	0,535 9
0,1	0,539 8	0,543 8	0,547 8	0,551 7	0,555 7	0,559 6	0,563 6	0,567 5	0,571 4	0,575 3
0,2	0,579 3	0,583 2	0,587 1	0,591 0	0,594 8	0,598 7	0,602 6	0,606 4	0,610 3	0,614 1
0,3	0,617 9	0,621 7	0,625 5	0,629 3	0,633 1	0,636 8	0,640 6	0,644 3	0,648 0	0,651 7
0,4	0,655 4	0,659 1	0,662 8	0,666 4	0,670 0	0,673 6	0,677 2	0,680 8	0,684 4	0,687 9
0,5	0,691 5	0,695 0	0,698 5	0,701 9	0,705 4	0,708 8	0,712 3	0,715 7	0,719 0	0,722 4
0,6	0,725 7	0,729 1	0,732 4	0,735 7	0,738 9	0,742 2	0,745 4	0,748 6	0,751 7	0,754 9
0,7	0,758 0	0,761 1	0,764 2	0,767 3	0,770 4	0,773 4	0,776 4	0,779 4	0,782 3	0,785 2
0,8	0,788 1	0,791 0	0,793 9	0,796 7	0,799 5	0,802 3	0,805 1	0,807 8	0,810 6	0,813 3
0,9	0,815 9	0,818 6	0,821 2	0,823 8	0,826 4	0,828 9	0,831 5	0,834 0	0,836 5	0,838 9
1,0	0,841 3	0,843 8	0,846 1	0,848 5	0,850 8	0,853 1	0,855 4	0,857 7	0,859 9	0,862 1
1,1	0,864 3	0,866 5	0,868 6	0,870 8	0,872 9	0,874 9	0,877 0	0,879 0	0,881 0	0,883 0
1,2	0,884 9	0,886 9	0,888 8	0,890 7	0,892 5	0,894 4	0,896 2	0,898 0	0,899 7	0,901 5
1,3	0,903 2	0,904 9	0,906 6	0,908 2	0,909 9	0,911 5	0,913 1	0,914 7	0,916 2	0,917 7
1,4	0,919 2	0,920 7	0,922 2	0,923 6	0,925 1	0,926 5	0,927 9	0,929 2	0,930 6	0,931 9
1,5	0,933 2	0,934 5	0,935 7	0,937 0	0,938 2	0,939 4	0,940 6	0,941 8	0,942 9	0,944 1
1,6	0,945 2	0,946 3	0,947 4	0,948 4	0,949 5	0,950 5	0,951 5	0,952 5	0,953 5	0,954 5
1,7	0,955 4	0,956 4	0,957 3	0,958 2	0,959 1	0,959 9	0,960 8	0,961 6	0,962 5	0,963 3
1,8	0,964 1	0,964 9	0,965 6	0,966 4	0,967 1	0,967 8	0,968 6	0,969 3	0,969 9	0,970 6
1,9	0,971 3	0,971 9	0,972 6	0,973 2	0,973 8	0,974 4	0,975 0	0,975 6	0,976 1	0,976 7
2,0	0,977 2	0,977 8	0,978 3	0,978 8	0,979 3	0,979 8	0,980 3	0,980 8	0,981 2	0,981 7
2,1	0,982 1	0,982 6	0,983 0	0,983 4	0,983 8	0,984 2	0,984 6	0,985 0	0,985 4	0,985 7
2,2	0,986 1	0,986 4	0,986 8	0,987 1	0,987 5	0,987 8	0,988 1	0,988 4	0,988 7	0,989 0
2,3	0,989 3	0,989 6	0,989 8	0,990 1	0,990 4	0,990 6	0,990 9	0,991 1	0,991 3	0,991 6
2,4	0,991 8	0,992 0	0,992 2	0,992 5	0,992 7	0,992 9	0,993 1	0,993 2	0,993 4	0,993 6
2,5	0,993 8	0,994 0	0,994 1	0,994 3	0,994 5	0,994 6	0,994 8	0,994 9	0,995 1	0,995 2
2,6	0,995 3	0,995 5	0,995 6	0,995 7	0,995 9	0,996 0	0,996 1	0,996 2	0,996 3	0,996 4
2,7	0,996 5	0,996 6	0,996 7	0,996 8	0,996 9	0,997 0	0,997 1	0,997 2	0,997 3	0,997 4
2,8	0,997 4	0,997 5	0,997 6	0,997 7	0,997 7	0,997 8	0,997 9	0,997 9	0,998 0	0,998 1
2,9	0,998 1	0,998 2	0,998 2	0,998 3	0,998 4	0,998 4	0,998 5	0,998 5	0,998 6	0,998 6

Table 2

Loi normale centrée réduite (table de l'écart réduit)

Si Z est une variable aléatoire qui suit la loi normale centrée réduite, la table donne pour α choisi, la valeur z_α telle que : $\mathbb{P}(|Z| \geqslant z_\alpha) = \alpha$.
La valeur α s'obtient par adition des nombres inscrits en marge.

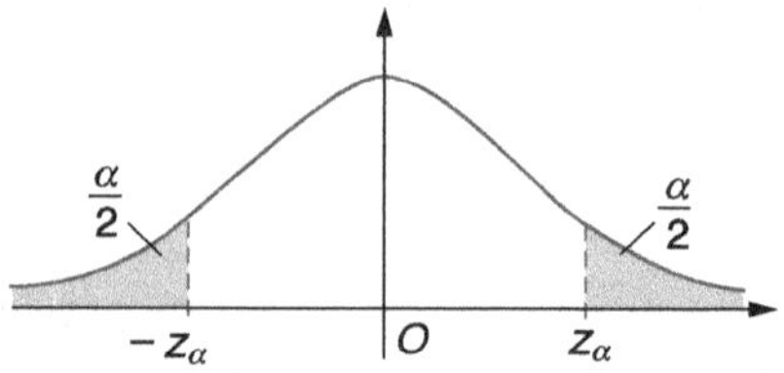

α	0,00	0,01	0,02	0,03	0,04	0,05	0,06	0,07	0,08	0,09
0,0	∞	2,576	2,326	2,170	2,054	1,960	1,881	1,812	1,751	1,695
0,1	1,645	1,598	1,555	1,514	1,476	1,440	1,405	1,372	1,341	1,311
0,2	1,282	1,254	1,227	1,200	1,175	1,150	1,126	1,103	1,080	1,058
0,3	1,036	1,015	0,994	0,974	0,954	0,935	0,915	0,896	0,878	0,860
0,4	0,842	0,824	0,806	0,789	0,772	0,755	0,739	0,722	0,706	0,690
0,5	0,674	0,659	0,643	0,628	0,613	0,598	0,583	0,568	0,553	0,539
0,6	0,524	0,510	0,496	0,482	0,468	0,454	0,440	0,426	0,412	0,399
0,7	0,385	0,372	0,358	0,345	0,332	0,319	0,305	0,292	0,279	0,266
0,8	0,253	0,240	0,228	0,215	0,202	0,189	0,176	0,164	0,151	0,138
0,9	0,126	0,113	0,100	0,088	0,075	0,063	0,050	0,038	0,025	0,013

Table pour les petites valeurs de α

α	10^{-3}	10^{-4}	10^{-5}	10^{-6}	10^{-7}
z_α	3,291	3,891	4,417	4,892	5,527

Table 3

Lois de Pearson ou lois du χ^2

Si Q est une variable aléatoire qui suit la loi du χ^2 à υ degrés de liberté, la table donne pour α choisi, le nombre χ^2_α tel que : $\mathbb{P}(Q \geqslant \chi^2_\alpha) = \alpha$.

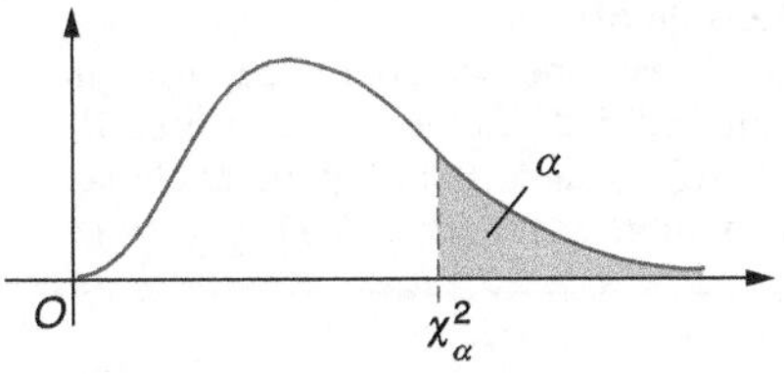

υ \ α	0,99	0,975	0,95	0,90	0,10	0,05	0,025	0,01	0,001
1	0,000 2	0,001	0,004	0,016	2,71	3,84	5,02	6,63	10,83
2	0,02	0,05	0,10	0,21	4,61	5,99	7,38	9,21	13,82
3	0,12	0,22	0,35	0,58	6,25	7,81	9,35	11,34	16,27
4	0,30	0,48	0,71	1,06	7,78	9,49	11,14	13,28	18,47
5	0,55	0,83	1,15	1,61	9,24	11,07	12,83	15,09	20,52
6	0,87	1,24	1,64	2,20	10,64	12,59	14,45	16,81	22,46
7	1,24	1,69	2,17	2,83	12,02	14,07	16,01	18,47	24,32
8	1,65	2,18	2,73	3,49	13,36	15,51	17,53	20,09	26,13
9	2,09	2,70	3,33	4,17	14,68	16,92	19,02	21,67	27,88
10	2,56	3,25	3,94	4,87	15,99	18,31	20,48	23,21	29,59
11	3,05	3,82	4,57	5,58	17,27	19,67	21,92	24,72	31,26
12	3,57	4,40	5,23	6,30	18,55	21,03	23,34	26,22	32,91
13	4,11	5,01	5,89	7,04	19,81	22,36	24,74	27,69	34,53
14	4,66	5,63	6,57	7,79	21,06	23,68	26,12	29,14	36,12
15	5,23	6,26	7,26	8,55	22,31	25,00	27,49	30,58	37,70
16	5,81	6,91	7,96	9,31	23,54	26,30	28,84	32,00	39,25
17	6,41	7,56	8,67	10,08	24,77	27,59	30,19	33,41	40,79
18	7,01	8,23	9,39	10,86	25,99	28,87	31,53	34,80	42,31
19	7,63	8,91	10,12	11,65	27,20	30,14	32,85	36,19	43,82
20	8,26	9,59	10,85	12,44	28,41	31,41	34,17	37,57	45,32
21	8,90	10,28	11,59	13,24	29,61	32,67	35,48	38,93	46,80
22	9,54	10,98	12,34	14,04	30,81	33,92	36,78	40,29	48,27
23	10,20	11,69	13,09	14,85	32,01	35,17	38,08	41,64	49,73
24	10,86	12,40	13,85	15,66	33,20	36,41	39,37	42,98	51,18
25	11,52	13,12	14,61	16,47	34,38	37,65	40,65	44,31	52,62
26	12,20	13,84	15,38	17,29	35,56	38,88	41,92	45,64	54,05
27	12,88	14,57	16,15	18,11	36,74	40,11	43,19	46,96	55,48
28	13,57	15,31	16,93	18,94	37,92	41,34	44,46	48,28	56,89
29	14,26	16,05	17,71	19,77	39,09	42,56	45,72	49,59	58,30
30	14,95	16,79	18,49	20,60	40,26	43,77	46,98	50,89	59,70

Lorsque le degré de liberté υ est tel que $\upsilon > 30$, la variable aléatoire :

$$Z = \sqrt{Q} - \sqrt{2\upsilon - 1}$$

suit à peu près la loi normale réduite.

Table 4

Lois de Student

Si T est une variable aléatoire qui suit la loi de Student à υ degrés de liberté, la table donne pour α choisi, le nombre t_α tel que : $\mathbb{P}(|T| \geqslant t_\alpha) = \alpha$.

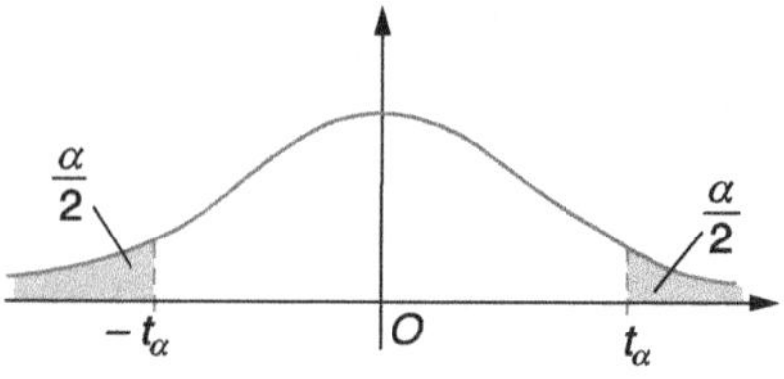

ν \ α	0,90	0,50	0,30	0,20	0,10	0,05	0,02	0,01	0,001
1	0,158	1,000	1,963	3,078	6,314	12,706	31,821	63,657	636,619
2	0,142	0,816	1,386	1,886	2,920	4,303	6,965	9,925	31,598
3	0,137	0,765	1,250	1,638	2,353	3,182	4,541	5,841	12,924
4	0,134	0,741	1,190	1,533	2,132	2,776	3,747	4,604	8,610
5	0,132	0,727	1,156	1,476	2,015	2,571	3,365	4,032	6,869
6	0,131	0,718	1,134	1,440	1,943	2,447	3,143	3,707	5,959
7	0,130	0,711	1,119	1,415	1,895	2,365	2,998	3,499	5,408
8	0,130	0,706	1,108	1,397	1,860	2,306	2,896	3,355	5,041
9	0,129	0,703	1,100	1,383	1,833	2,262	2,821	3,250	4,781
10	0,129	0,700	1,093	1,372	1,812	2,228	2,764	3,169	4,587
11	0,129	0,697	1,088	1,363	1,796	2,201	2,718	3,106	4,437
12	0,128	0,695	1,083	1,356	1,782	2,179	2,681	3,055	4,318
13	0,128	0,694	1,079	1,350	1,771	2,160	2,650	3,012	4,221
14	0,128	0,692	1,076	1,345	1,761	2,145	2,624	2,977	4,140
15	0,128	0,691	1,074	1,341	1,753	2,131	2,602	2,947	4,073
16	0,128	0,690	1,071	1,337	1,746	2,120	2,583	2,921	4,015
17	0,128	0,689	1,069	1,333	1,740	2,110	2,567	2,898	3,965
18	0,127	0,688	1,067	1,330	1,734	2,101	2,552	2,878	3,922
19	0,127	0,688	1,066	1,328	1,729	2,093	2,539	2,861	3,883
20	0,127	0,687	1,064	1,325	1,725	2,086	2,528	2,845	3,850
21	0,127	0,686	1,063	1,323	1,721	2,080	2,518	2,831	3,819
22	0,127	0,686	1,061	1,321	1,717	2,074	2,508	2,819	3,792
23	0,127	0,685	1,060	1,319	1,714	2,069	2,500	2,807	3,767
24	0,127	0,685	1,059	1,318	1,711	2,064	2,492	2,797	3,745
25	0,127	0,684	1,058	1,316	1,708	2,060	2,485	2,787	3,725
26	0,127	0,684	1,058	1,315	1,706	2,056	2,479	2,779	3,707
27	0,127	0,684	1,057	1,314	1,703	2,052	2,473	2,771	3,690
28	0,127	0,683	1,056	1,313	1,701	2,048	2,467	2,763	3,674
29	0,127	0,683	1,055	1,311	1,699	2,045	2,462	2,756	3,659
30	0,127	0,683	1,055	1,310	1,697	2,042	2,457	2,750	3,646
40	0,126	0,681	1,050	1,303	1,684	2,021	2,423	2,704	3,551
80	0,126	0,679	1,046	1,296	1,671	2,000	2,390	2,660	3,460
120	0,126	0,677	1,041	1,289	1,658	1,980	2,358	2,617	3,373
∞	0,126	0,674	1,036	1,282	1,645	1,960	2,326	2,576	3,291

Lorsque le degré de liberté est infini, il s'agit du nombre z_α correspondant à la loi normale centrée réduite (voir Table 2).

Table 5

Lois de Snedecor ($\alpha = 0{,}025$)

Si F est une variable aléatoire qui suit la loi de Snedecor à (υ_1, υ_2) degrés de liberté, la table donne le nombre f_α tel que $\mathbb{P}(F \geqslant f_\alpha) = \alpha = 0{,}025$.

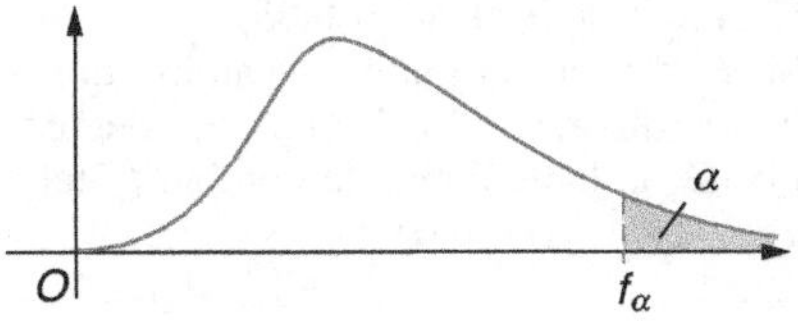

ν_2 \ ν_1	1	2	3	4	5	6	8	10	15	20	30	∞
1	648	800	864	900	922	937	957	969	985	993	1 001	1 018
2	38,5	39,0	39,2	39,2	39,3	39,3	39,4	39,4	39,4	39,4	39,5	39,5
3	17,4	16,0	15,4	15,1	14,9	14,7	14,5	14,4	14,3	14,2	14,1	13,9
4	12,2	10,6	9,98	9,60	9,36	9,20	8,98	8,84	8,66	8,56	8,46	8,26
5	10,0	8,43	7,76	7,39	7,15	6,98	6,76	6,62	6,43	6,33	6,23	6,02
6	8,81	7,26	6,60	6,23	5,99	5,82	5,60	5,46	5,27	5,17	5,07	4,85
7	8,07	6,54	5,89	5,52	5,29	5,12	4,90	4,76	4,57	4,47	4,36	4,14
8	7,57	6,06	5,42	5,05	4,82	4,65	4,43	4,30	4,10	4,00	3,89	3,67
9	7,21	5,71	5,08	4,72	4,48	4,32	4,10	3,96	3,77	3,67	3,56	3,33
10	6,94	5,46	4,83	4,47	4,24	4,07	3,85	3,72	3,52	3,42	3,31	3,08
11	6,72	5,26	4,63	4,28	4,04	3,88	3,66	3,53	3,33	3,23	3,12	2,88
12	6,55	5,10	4,47	4,12	3,89	3,73	3,51	3,37	3,18	3,07	2,96	2,72
13	6,41	4,97	4,35	4,00	3,77	3,60	3,39	3,25	3,05	2,95	2,84	2,60
14	6,30	4,86	4,24	3,89	3,66	3,50	3,29	3,15	2,95	2,84	2,73	2,49
15	6,20	4,76	4,15	3,80	3,58	3,41	3,20	3,06	2,86	2,76	2,64	2,40
16	6,12	4,69	4,08	3,73	3,50	3,34	3,12	2,99	2,79	2,68	2,57	2,32
17	6,04	4,62	4,01	3,66	3,44	3,28	3,06	2,92	2,72	2,62	2,50	2,25
18	5,98	4,56	3,95	3,61	3,38	3,22	3,01	2,87	2,67	2,56	2,44	2,19
19	5,92	4,51	3,90	3,56	3,33	3,17	2,96	2,82	2,62	2,51	2,39	2,13
20	5,87	4,46	3,86	3,51	3,29	3,13	2,91	2,77	2,57	2,46	2,35	2,09
22	5,79	4,38	3,78	3,44	3,22	3,05	2,84	2,70	2,50	2,39	2,27	2,00
24	5,72	4,32	3,72	3,38	3,15	2,99	2,78	2,64	2,44	2,33	2,21	1,94
26	5,66	4,27	3,67	3,33	3,10	2,94	2,73	2,59	2,39	2,28	2,16	1,88
28	5,61	4,22	3,63	3,29	3,06	2,90	2,69	2,55	2,34	2,23	2,11	1,83
30	5,57	4,18	3,59	3,25	3,03	2,87	2,65	2,51	2,31	2,20	2,07	1,79
40	5,42	4,05	3,46	3,13	2,90	2,74	2,53	2,39	2,18	2,07	1,94	1,64
50	5,34	3,98	3,39	3,06	2,83	2,67	2,46	2,32	2,11	1,99	1,87	1,55
60	5,29	3,93	3,34	3,01	2,79	2,63	2,41	2,27	2,06	1,94	1,82	1,48
80	5,22	3,86	3,28	2,95	2,73	2,57	2,36	2,21	2,00	1,88	1,75	1,40
100	5,18	3,83	3,25	2,92	2,70	2,54	2,32	2,18	1,97	1,85	1,71	1,35
∞	5,02	3,69	3,12	2,79	2,57	2,41	2,19	2,05	1,83	1,71	1,57	1,00

Table 6

Lois de Snedecor ($\alpha = 0{,}05$)

Si F est une variable aléatoire qui suit la loi de Snedecor à (v_1, v_2) degrés de liberté, la table donne le nombre f_α tel que $\mathbb{P}(F \geqslant f_\alpha) = \alpha = 0{,}05$.

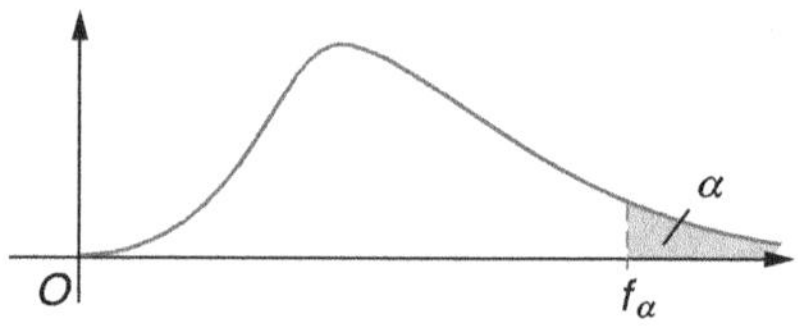

v_2 \ v_1	1	2	3	4	5	6	8	10	15	20	30	∞
1	161	200	216	225	230	234	239	242	246	248	250	254
2	18,5	19,0	19,2	19,2	19,3	19,3	19,4	19,4	19,4	19,4	19,5	19,5
3	10,1	9,55	9,28	9,12	9,01	8,94	8,85	8,79	8,70	8,66	8,62	8,53
4	7,71	6,94	6,59	6,39	6,26	6,16	6,04	5,96	5,86	5,80	5,75	5,63
5	6,61	5,79	5,41	5,19	5,05	4,95	4,82	4,74	4,62	4,56	4,50	4,36
6	5,99	5,14	4,76	4,53	4,39	4,28	4,15	4,06	3,94	3,87	3,81	3,67
7	5,59	4,74	4,35	4,12	3,97	3,87	3,73	3,64	3,51	3,44	3,38	3,23
8	5,32	4,46	4,07	3,84	3,69	3,58	3,44	3,35	3,22	3,15	3,08	2,93
9	5,12	4,26	3,86	3,63	3,48	3,37	3,23	3,14	3,01	2,94	2,86	2,71
10	4,96	4,10	3,71	3,48	3,33	3,22	3,07	2,98	2,85	2,77	2,70	2,54
11	4,84	3,98	3,59	3,36	3,20	3,09	2,95	2,85	2,72	2,65	2,57	2,40
12	4,75	3,89	3,49	3,26	3,11	3,00	2,85	2,75	2,62	2,54	2,47	2,30
13	4,67	3,81	3,41	3,18	3,03	2,92	2,77	2,67	2,53	2,46	2,38	2,21
14	4,60	3,74	3,34	3,11	2,96	2,85	2,70	2,60	2,46	2,39	2,31	2,13
15	4,54	3,68	3,29	3,06	2,90	2,79	2,64	2,54	2,40	2,33	2,25	2,07
16	4,49	3,63	3,24	3,01	2,85	2,74	2,59	2,49	2,35	2,28	2,19	2,01
17	4,45	3,59	3,20	2,96	2,81	2,70	2,55	2,45	2,31	2,23	2,15	1,96
18	4,41	3,55	3,16	2,93	2,77	2,66	2,51	2,41	2,27	2,19	2,11	1,92
19	4,38	3,52	3,13	2,90	2,74	2,63	2,48	2,38	2,23	2,16	2,07	1,88
20	4,35	3,49	3,10	2,87	2,71	2,60	2,45	2,35	2,20	2,12	2,04	1,84
22	4,30	3,44	3,05	2,82	2,66	2,55	2,40	2,30	2,15	2,07	1,98	1,78
24	4,26	3,40	3,01	2,78	2,62	2,51	2,36	2,25	2,11	2,03	1,94	1,73
26	4,23	3,37	2,98	2,74	2,59	2,47	2,32	2,22	2,07	1,99	1,90	1,69
28	4,20	3,34	2,95	2,71	2,56	2,45	2,29	2,19	2,04	1,96	1,87	1,65
30	4,17	3,32	2,92	2,69	2,53	2,42	2,27	2,16	2,01	1,93	1,84	1,62
40	4,08	3,23	2,84	2,61	2,45	2,34	2,18	2,08	1,92	1,84	1,74	1,51
50	4,03	3,18	2,79	2,56	2,40	2,29	2,13	2,03	1,87	1,78	1,69	1,44
60	4,00	3,15	2,76	2,53	2,37	2,25	2,10	1,99	1,84	1,75	1,65	1,39
80	3,96	3,11	2,72	2,49	2,33	2,21	2,06	1,95	1,79	1,70	1,60	1,32
100	3,94	3,09	2,70	2,46	2,31	2,19	2,03	1,93	1,77	1,68	1,57	1,28
∞	3,84	3,00	2,60	2,37	2,21	2,10	1,94	1,83	1,67	1,57	1,46	1,00

Table 7

Table du coefficient de corrélation linéaire

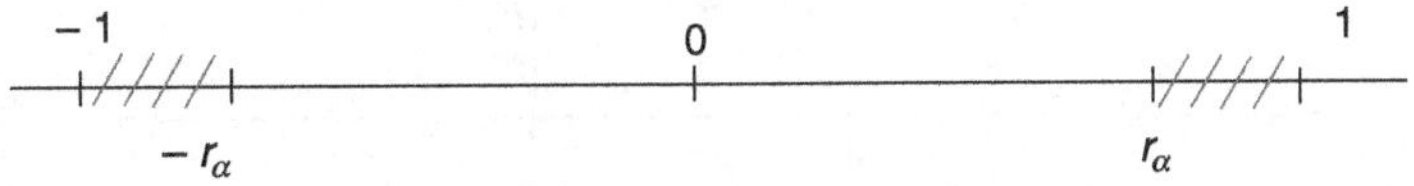

d.d.l. \ α	0,10	0,05	0,01
1	0,9877	0,9969	0,9999
2	0,9000	0,9500	0,9900
3	0,8054	0,8783	0,9587
4	0,7293	0,8114	0,9172
5	0,6694	0,7545	0,8745
6	0,6215	0,7067	0,8343
7	0,5822	0,6664	0,7977
8	0,5494	0,6319	0,7646
9	0,5214	0,6021	0,7348
10	0,4973	0,5760	0,7079
11	0,4762	0,5529	0,6835
12	0,4575	0,5324	0,6614
13	0,4409	0,5139	0,6411
14	0,4259	0,4973	0,6226
15	0,4124	0,4821	0,6055
16	0,4000	0,4683	0,5897
17	0,3887	0,4555	0,5751
18	0,3783	0,4438	0,5614
19	0,3687	0,4329	0,5487
20	0,3598	0,4227	0,5368
25	0,3233	0,3809	0,4869
30	0,2960	0,3494	0,4487
35	0,2746	0,3246	0,4182
40	0,2573	0,3044	0,3932
45	0,2428	0,2875	0,3721
50	0,2306	0,2732	0,3541
60	0,2108	0,2500	0,3248
70	0,1954	0,2319	0,3017
80	0,1829	0,2172	0,2830
90	0,1726	0,2050	0,2673
100	0,1638	0,1946	0,2540

Table 8

Test de Mann et Whitney ($\alpha = 0{,}05$)

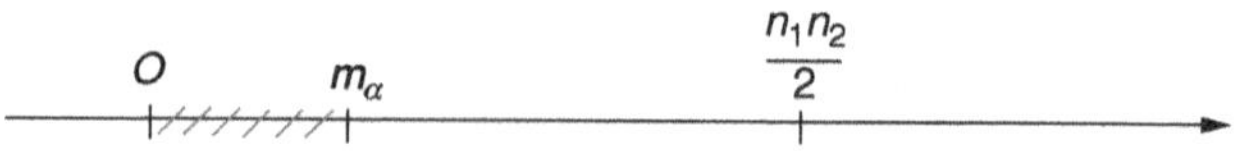

La table donne la valeur m_α tel que $\mathbb{P}(M \leqslant m_\alpha) = \alpha = 0{,}05$ pour deux échantillons d'effectifs n_1 et n_2 avec $n_1 \leqslant n_2$.

n_1 \ n_2	4	5	6	7	8	9	10	11	12	13	14	15	16	17	18	19	20
2	—	—	—	—	0	0	0	0	1	1	1	1	1	2	2	2	2
3	—	0	1	1	2	2	3	3	4	4	5	5	6	6	7	7	8
4	0	1	2	3	4	4	5	6	7	8	9	10	11	11	12	13	14
5		2	3	5	6	7	8	9	11	12	13	14	15	17	18	19	20
6			5	6	8	10	11	13	14	16	17	19	21	22	24	25	27
7				8	10	12	14	16	18	20	22	24	26	28	30	32	34
8					13	15	17	19	22	24	26	29	31	34	36	38	41
9						17	20	23	26	28	31	34	37	39	42	45	48
10							23	26	29	33	36	39	42	45	48	52	55
11								30	33	37	40	44	47	51	55	58	62
12									37	41	45	49	53	57	61	65	69
13										45	50	54	59	63	67	72	76
14											55	59	64	69	74	78	83
15												64	70	75	80	85	90
16													75	81	86	92	98
17														87	93	99	105
18															99	106	112
19																113	119
20																	127

Table 9

Test de Mann et Whitney ($\alpha = 0{,}01$)

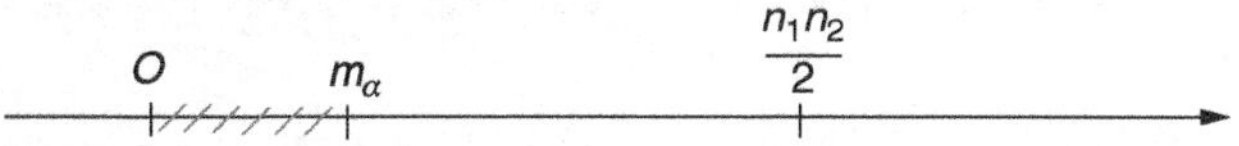

La table donne la valeur m_α tel que $\mathbb{P}(M \leqslant m_\alpha) = \alpha = 0{,}01$ pour deux échantillons d'effectifs n_1 et n_2 avec $n_1 \leqslant n_2$.

n_1 \ n_2	4	5	6	7	8	9	10	11	12	13	14	15	16	17	18	19	20
2	–	–	–	–	–	–	–	–	–	–	–	–	–	–	–	0	0
3	–	–	–	–	–	0	0	0	1	1	1	2	2	2	2	3	3
4	–	–	0	0	1	1	2	2	3	3	4	5	5	6	6	7	8
5		0	1	1	2	3	4	5	6	7	7	8	9	10	11	12	13
6			2	3	4	5	6	7	9	10	11	12	13	15	16	17	18
7				4	6	7	9	10	12	13	15	16	18	19	21	22	24
8					7	9	11	13	15	17	18	20	22	24	26	28	30
9						11	13	16	18	20	22	24	27	29	31	33	36
10							16	18	21	24	26	29	31	34	37	39	42
11								21	24	27	30	33	36	39	42	45	48
12									27	31	34	37	41	44	47	51	54
13										34	38	42	45	49	53	57	60
14											42	46	50	54	58	63	67
15												51	55	60	64	68	73
16													60	65	70	74	79
17														70	75	81	86
18															81	87	92
19																93	99
20																	105

Table 10

Test de Wilcoxon

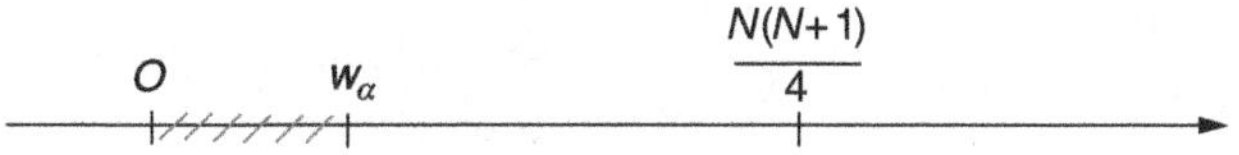

La table donne la valeur w_α tel que $\mathbb{P}(W \leqslant w_\alpha) = \alpha$, dans les cas $\alpha = 0{,}05$ et $\alpha = 0{,}01$.

α \ N	7	8	9	10	11	12	13	14	15	16	17	18	19	20	21	22	23	24	25
0,05	2	4	6	8	11	14	17	21	25	30	35	40	46	52	59	66	73	81	89
0,01	–	0	2	3	5	7	10	13	16	20	23	28	32	38	43	49	55	61	68

Index

F

G, H

I, K

L

M

O

P

Q, R

S

T

U, V, Z

77798 - (I) - OSB 80° - LUM - BGD
Dépôt légal : juin 2018
Dépôt légal de la première édition : août 2015
Imprimé par DUPLI-PRINT, Domont (95)
N° d'impression : 2018052648
Imprimé en France